Wuji Ji
Fenxi Huaxue Shiyan

无机及分析化学实验

主　编　陈　宇
副主编　吴锦程　谢丽燕

厦门大学出版社　国家一级出版社
XIAMEN UNIVERSITY PRESS　全国百佳图书出版单位

图书在版编目(CIP)数据

无机及分析化学实验 / 陈宇主编. -- 厦门：厦门大学出版社，2018.7(2024.6重印)
ISBN 978-7-5615-6964-1

Ⅰ. ①无… Ⅱ. ①陈… Ⅲ. ①无机化学-化学实验②分析化学-化学实验 Ⅳ. ①O61-33②O65-33

中国版本图书馆CIP数据核字(2018)第127135号

责任编辑	眭 蔚
封面设计	蒋卓群
技术编辑	许克华

出版发行　厦门大学出版社
社　　址　厦门市软件园二期望海路39号
邮政编码　361008
总　　机　0592-2181111　0592-2181406(传真)
营销中心　0592-2184458　0592-2181365
网　　址　http://www.xmupress.com
邮　　箱　xmup@xmupress.com
印　　刷　厦门市金凯龙包装科技有限公司

开本　787 mm×1 092 mm　1/16
印张　10
字数　232 千字
版次　2018 年 7 月第 1 版
印次　2024 年 6 月第 2 次印刷
定价　31.00 元

本书如有印装质量问题请直接寄承印厂调换

厦门大学出版社
微信二维码

厦门大学出版社
微博二维码

前 言

根据国家、省、市深化教育综合改革、推动地方高校转型的新要求、新政策、新举措,结合莆田学院实际,对无机及分析化学实验教学进行改革,改革中体现本科教学向协同育人转型、学科专业向学科产业相互对接转型、科技创新向应用技术研究转型。

学院转型之际,对化学实验课程体系、实验教学内容和教学模式等方面都提出了新的要求,我们的教学也相应从培养学生的实验动手能力、观察能力、综合能力和创新能力出发,实验教学体现了"基础化、综合化、应用化"的总体原则,在保证原有无机化学实验、分析化学实验的系统性、科学性和完整性的基础上,对实验内容进行了精简和重组。实验训练项目的选择上不局限于对理论知识的验证,而是从基础知识、基本训练到应用性、综合性和设计性实验,全面提高学生的实验动手能力、综合设计能力,为学生今后的实际工作奠定良好的、扎实的实验基础。

在教材内容和结构安排上,虽然没有区分无机化学、分析化学实验的界限,但是基本涵盖了两个分支学科单独开设实验的内容。编入的 32 个实验项目,按照基础实验、综合实验与设计实验、案例应用实验(食品生物分析)三个模块,减少了验证实验的比例,增加了与企业对接的实验内容的比例,注重"双基"训练与综合素质的培养。这样既体现了无机及分析化学实验的独立性,又兼顾了实验教学与课堂授课之间的密切关系;既有本门课程自身的独立性、系统性和科学性,又可以照顾到与各有关化学课程及专业课程的联系与衔接。另外,每个实验项目中都设立"预习与思考"的环节,以突出实验之前预习的重要性,使学生逐渐体会到"预则立,不预则废"的道理,养成严格制定计划行事的良好习惯。

本书根据无机及分析化学实验教学的特点及要求编写而成,适合作为高等院校化学、生物、食品、环境、农林、化工等专业的教材或参考书,也可供相关专业师生和科技人员参考。

本书编写工作分工如下:莆田学院陈宇(第 1 章,第 3 章,第 5 章实验九~实验十六),谢丽燕、薛美香(第 2 章,第 5 章实验一~实验八),林素英、林旺(第 6 章实验十七~实验二十四),林授锴、黄建辉(第 4 章 4.1、4.4 节,附录),福建省亚明食品有限公司吴加明(第 7 章),中海福建天然气有限责任公司何锋(第 4 章 4.2、4.3 节,第 6 章实验二十五)。全书由陈宇统稿、定稿,陈宇、吴锦程审阅。

本书出版得到了莆田学院食品与化工产业学院经费资助及厦门大学出版社的大力支持,在此深表感谢!

由于编者水平有限,书中疏漏和不妥之处在所难免,恳请专家和读者不吝指正。

编者

2018 年 5 月

目 录

第 1 章 绪论 ·· 1
 1.1 无机及分析化学实验目的 ·· 1
 1.2 无机及分析化学实验的学习方法 ·· 1
 1.3 实验报告的撰写与成绩评定 ··· 2
第 2 章 化学实验的基础知识 ··· 5
 2.1 实验室安全知识 ·· 5
 2.2 化学试剂 ·· 8
 2.3 化学实验常用仪器介绍 ·· 9
 2.4 化学实验用水的要求及制备 ··· 16
 2.5 实验数据处理方法 ··· 17
第 3 章 化学实验基本操作 ··· 23
 3.1 玻璃仪器的洗涤和干燥 ·· 23
 3.2 加热方法 ·· 25
 3.3 天平的使用 ··· 28
 3.4 常见度量仪器的使用 ·· 32
 3.5 试剂的取用 ··· 40
 3.6 干燥器的使用方法 ··· 42
 3.7 常用器皿的加热方法及注意事项 ··· 42
 3.8 固液分离 ·· 44
 3.9 重量分析基本操作 ··· 50
第 4 章 常见仪器使用简介 ··· 54
 4.1 酸度计 ·· 54
 4.2 DDS-11A 电导率仪 ·· 55
 4.3 浊度计 ·· 56
 4.4 分光光度计 ··· 57
第 5 章 基础实验 ·· 59
 实验一 物质的称量 ·· 59
 实验二 溶液的配制 ·· 61
 实验三 HAc 解离度和解离常数的测定 ·· 64
 实验四 粗食盐提纯 ·· 66
 实验五 电解质溶液 ·· 69

实验六　氧化还原反应 …………………………………………………………… 73
　　实验七　难溶无机化合物的溶解 ………………………………………………… 76
　　实验八　配位化合物 ……………………………………………………………… 79
　　实验九　酸碱溶液的配制和比较滴定 …………………………………………… 83
　　实验十　HCl标准溶液的标定 …………………………………………………… 85
　　实验十一　EDTA标准溶液的配制和标定 ……………………………………… 87
　　实验十二　水的总硬度的测定 …………………………………………………… 90
　　实验十三　$KMnO_4$法测定双氧水 ……………………………………………… 92
　　实验十四　$K_2Cr_2O_7$法测定亚铁盐中铁的含量 ……………………………… 95
　　实验十五　$KMnO_4$吸收曲线的绘制 …………………………………………… 97
　　实验十六　磷的比色分析 ………………………………………………………… 99

第6章　综合实验与设计实验 ……………………………………………………… 102
　　实验十七　硫酸亚铁铵的制备及组成分析 ……………………………………… 102
　　实验十八　邻二氮菲分光光度法测定铁 ………………………………………… 104
　　实验十九　三草酸合铁(Ⅲ)酸钾的合成、组成及结构测定 …………………… 108
　　实验二十　用废铝制备明矾及其铝含量的测定 ………………………………… 112
　　实验二十一　茶叶中茶多酚的提取及抗氧化作用的研究 ……………………… 116
　　实验二十二　阴阳离子未知液的鉴定(设计性实验) …………………………… 119
　　实验二十三　废干电池的综合利用 ……………………………………………… 120
　　实验二十四　混合碱的测定(设计性实验) ……………………………………… 122
　　实验二十五　水分析综合实验(设计性实验) …………………………………… 123

第7章　食品生物分析 ……………………………………………………………… 124
　　实验二十六　食品总酸度的测定(滴定法) ……………………………………… 124
　　实验二十七　维生素C的定量测定 ……………………………………………… 126
　　实验二十八　油脂过氧化值的测定 ……………………………………………… 129
　　实验二十九　食品中蛋白质含量的测定——考马斯亮蓝法 …………………… 131
　　实验三十　食品中亚硝酸盐含量的测定 ………………………………………… 133
　　实验三十一　多酚类测定(酒石酸铁比色法)——国家标准方法 ……………… 135
　　实验三十二　食品中还原糖的测定 ……………………………………………… 137

附　录 ………………………………………………………………………………… 139
　　附录1　相对原子质量表(2007年) ……………………………………………… 139
　　附录2　常见化合物的相对分子质量表(2007年) ……………………………… 141
　　附录3　几种常用酸碱的密度和浓度 …………………………………………… 144
　　附录4　常用指示剂的配制方法 ………………………………………………… 145
　　附录5　常用缓冲溶液的配制方法 ……………………………………………… 148
　　附录6　常用基准物质 …………………………………………………………… 149
　　附录7　常用弱酸、弱碱在水中的解离常数($25℃, I=0$) …………………… 150
　　附录8　难溶化合物的溶度积常数($25℃$) …………………………………… 152

第1章 绪 论

1.1 无机及分析化学实验目的

化学是一门以实验为基础的学科。仅传授化学理论知识是片面的化学教育,全面的化学教育注重的是培养学生的科学方法和思维。而化学实验正是实施全面化学教育的最为有效的教学形式之一。通过基本操作技能训练、基础实验、综合实验和设计实验四大部分对学生进行有层次的培养,使学生的实验能力、分析及解决问题能力、实践和创新能力逐步提高,从感性认识上升到理性认识。结合产业学院对学生进行有针对性的训练,为学生就业打下坚实的基础。

1.2 无机及分析化学实验的学习方法

1.2.1 课前预习

认真预习化学实验课内容,是学好化学实验课的第一步。预习时应认真阅读实验教材和有关教科书;明确实验目的和基本原理;了解实验内容及实验难点;熟悉安全注意事项;认真准备预习思考题,写出实验预习报告。教师若发现学生预习不够充分,应对其提出批评和警告。

1.2.2 认真做实验

学生在教师指导下独立地进行实验是实验课的主要教学环节,也是训练学生正确掌握实验技能、达到培养能力目的的重要手段。实验原则上应按教材上所提示的步骤、方法和试剂用量进行,若提出新的实验方案,应经教师批准后方可进行实验。实验课要求做到下列几点:

(1)认真操作,细心观察现象,并及时、如实地做好详细记录。

(2)如果发现实验现象和理论不相符,应尊重实验事实,认真分析和检查其原因,也可以做对照实验、空白实验或自行设计实验来核对,必要时应多次重做验证,从中得到有益的结论。

(3)实验过程中应勤于思考,仔细分析,力争自己解决问题,但遇到疑难问题而自己难以解决时,可请教师指点。

(4)在实验过程中应保持肃静,严格遵守实验室规则。

1.2.3 完成实验报告

完成实验报告是对所学知识进行归纳和提高的过程,也是培养严谨的科学态度、实事求是精神的重要措施,应认真对待。实验报告的内容应包括实验目的、原理、内容、现象、结果及讨论等栏目。实验报告应字迹工整,简明扼要,整齐清洁,决不允许草率应付或抄袭编造。

1.3 实验报告的撰写与成绩评定

1.3.1 实验报告的内容

(1)实验目的:指出此项实验应该掌握的原理、方法、实验知识与技能。

(2)实验原理:简明扼要,简述实验的基本原理和主要化学方程式、计算公式。

(3)实验材料、仪器与试剂:实验中用到的实验用品。

(4)实验内容及步骤:内容是实验过程的简述,以简明方式表述,可利用流程图、表格、框图等形式。

(5)实验记录和数据处理:记录实际的实验现象,数据记录要真实完整。原始记录要尊重实验事实,不允许编造和抄袭。数据处理、误差分析等要有过程。

(6)实验结果与分析:包括对实验现象的分析、解释,实验结论,以及简明的结果讨论。

(7)实验体会:实验结束后实验者的心得体会,是经提炼后的学术性体会,并非感性的表达。也可对实验方法、实验内容提出自己的意见或建议。

1.3.2 实验成绩的评定

学生实验成绩由平时成绩和技能考核两部分组成,平时成绩包括预习报告的书写和预习效果、实验态度与课堂操作、实验结果及实验报告的书写;技能考核是对学生对该门实验课程掌握程度的最终考核。

1.3.3 实验报告格式示例

制备及综合实验报告格式

一、实验目的

二、实验原理(简述)

三、实验材料、仪器与试剂

四、实验步骤(用框图表示)

五、实验记录和数据处理

1. 产品外观

2. 产率

3. 产品纯度检验

六、实验结果与分析(分析制备纯化的操作对产品纯度、产品回收率的影响等)

七、体会(如何提高产率、改进实验等)

性质实验报告格式

一、实验目的

二、实验原理(简述)

三、实验材料、仪器与试剂

四、实验步骤(用表格表示):此部分包含实验的操作步骤、实验现象、实验结论等。示例如表 1-1 所示。

表 1-1 性质实验报告格式示例

序号		实验方法及步骤	实验现象	化学方程式(配平)	解释及结论
1	(1)	5 滴 $0.1\ mol \cdot L^{-1}\ FeCl_3$ + $0.2\ mol \cdot L^{-1}\ SnCl_2$	黄色褪去	$2Fe^{3+} + Sn^{2+} = 2Fe^{2+} + Sn^{4+}$	
	(2)	氨水+酚酞	溶液显红色	$NH_3 \cdot H_2O = NH_4^+ + OH^-$	酚酞遇碱液显红色

五、实验结果与分析

六、体会

定量分析实验报告格式

一、实验目的

二、实验原理(简述)

三、实验材料、仪器与试剂

四、实验步骤

五、实验记录和数据处理(表格形式)

(示例如表 1-2 所示。)

表 1-2　定量分析实验报告格式示例

测定次数		Ⅰ	Ⅱ	Ⅲ
Na_2CO_3 的质量	m_1/g			
	m_2/g			
	m/g			
初读数 $V_1(HCl)/mL$				
终读数 $V_2(HCl)/mL$				
$\Delta V(HCl)/mL$				
$c(HCl)/(mol \cdot L^{-1})$				
$\bar{c}(HCl)$				
d_i				
$\bar{d}_r$				

六、实验结果与分析

七、体会

第 2 章 化学实验的基础知识

2.1 实验室安全知识

化学药品中,很多是易燃、易爆、有腐蚀性和有毒的。因此,重视安全操作,熟悉一般的安全知识是非常必要的。

注意安全首先需要从思想上重视安全工作,决不能麻痹大意。其次,在实验前应了解仪器的性能和药品的性质以及本实验中的安全事项。最后,要学会一般救护措施。一旦发生意外事故,可进行及时处理。实验室的废液必须按要求进行处理,不能随意乱倒,以保持实验室环境不受污染。

2.1.1 实验室规则

(1)在进行实验前,必须认真预习实验指导讲义,明确实验目的、原理、步骤及操作规程。未做好预习的同学,教师应对其提出批评和警告。

(2)进入实验室后,未经教师准许不得随意开始实验,不得乱动仪器、药品或其他设备用具。教师讲授完毕,凡有不明确的问题,应及时向教师提出,在完全明确本次实验各项要求并经教师同意后,方可进行实验。

(3)做实验时,要严格按规定的步骤和要求进行操作,按规定的量取用药品。如称取药品后,应及时盖好原瓶盖并放回原处;不得做规定以外的实验;凡遇疑难问题应及时问教师,不得自行其是。

(4)做实验时,应按照要求,仔细观察实验现象,并正确地进行记录;实验所得数据与结果,不得涂改或弄虚作假,必须如实记在记录本上。

(5)进行实验时,要注意安全,爱惜仪器和试剂。如有损坏,必须及时登记补领。

(6)实验中必须保持肃静,不准大声喧哗,不得到处乱走。

(7)实验中要注意实验室及实验台的卫生工作。如实验台上的仪器应整齐地放在一定的位置上,并经常保持台面的清洁;废纸、火柴梗和碎玻璃等应倒入垃圾箱内;酸、碱废液倒入水槽后应立即用水冲洗(浓酸和浓碱废液应倒入废液桶,经处理后再倒入水槽)。

(8)使用精密仪器时,必须严格按照操作规程进行操作,细心谨慎,避免因粗心大意而损坏仪器。如发现仪器有故障,应立即停止使用,报告教师。使用后必须自觉填写仪器使用登记本。

(9)实验结束时,应将所用仪器洗净并整齐地放回柜内。实验台及试剂架必须擦净,经教师或实验员检查实验记录和实验台合格后方可离开实验室。

(10)每次实验后由学生轮流值勤,负责打扫和整理实验室,并检查水龙头、煤气开关、门、窗是否关紧,电闸是否关闭,以保持实验室的整洁和安全。

2.1.2 实验室安全守则

(1)严格按实验步骤及要求做实验,绝对不允许随意更改实验步骤或混合各种化学药品,以免发生意外事故。

(2)不要用湿手、物接触电源。水、电、煤气(液化气)一经使用完毕,应立即关闭水龙头、煤气(液化气)开关和电闸。点燃的火柴用后立即熄灭,不得乱扔。

(3)严禁在实验室内饮食、吸烟,或把食具带进实验室。实验完毕,必须洗净双手后才能离开实验室。

(4)浓酸、浓碱具有强腐蚀性,切勿使其溅在皮肤或衣服上,尤其是人眼更应注意防护。稀释时(特别是浓硫酸)应将它们慢慢倒入水中,而不能相反进行,以避免迸溅。

(5)实验室所有药品不得带出室外。用剩的有毒药品应如数还给教师。

(6)洗涤过的仪器,严禁用手甩干,以防未洗净容器中含有的酸碱液等伤害他人。

(7)倾注药剂或加热液体时,不要俯视容器,以防溅出。试管加热时,切记不要使试管口向着自己或他人。

(8)不要俯向容器去嗅放出的气味。闻气味时,应该是面部远离容器,用手把离开容器的气流慢慢地扇向自己的鼻孔。能产生有刺激性或有毒气体(如 H_2S、HF、Cl_2、CO、NO_2、Br_2 等)的实验必须在通风橱内进行。

(9)有毒药品(如重铬酸钾、钡盐、铅盐、砷的化合物、汞的化合物,特别是氰化物)不得进入口内或接触伤口,剩余的废液也不能随便倒入下水道。

(10)易燃、易爆及有毒试剂的使用,必须在掌握其性质及使用方法后方可进行。

2.1.3 实验室事故的处理方法

1.割伤

皮肤被玻璃戳伤后,不能用手抚摸或用水洗涤伤处。应先把碎玻璃从伤口处挑出。轻伤可涂以紫药水(或红汞、碘酒),必要时撒些消炎粉或敷些消炎膏,用绷带包扎。

2.烫伤

不要用冷水洗涤伤处。伤处皮肤未破时可涂上饱和 $NaHCO_3$ 溶液或用 $NaHCO_3$ 粉调成糊状敷于伤处,也可抹獾油或烫伤膏;如果伤处皮肤已破,可涂些紫药水或10% $KMnO_4$ 溶液。

3. 受酸腐蚀致伤

先用大量水冲洗,再用饱和 $NaHCO_3$ 溶液(或稀氨水、肥皂水)洗,最后用水冲洗。如果酸溅入眼内,用大量水冲洗后,送医院诊治。

4. 受碱腐蚀致伤

先用大量水冲洗,再用2%醋酸溶液或饱和硼酸溶液清洗,最后用水冲洗。如果碱溅入眼中,应立刻用硼酸溶液清洗。

5. 吸入刺激性或有毒气体

吸入 Cl_2、HCl 气体时,可吸入少量酒精和乙醚的混合蒸气使之解毒。吸入 H_2S 或 CO 气体而感到不适时,应立即到室外呼吸新鲜空气,但应注意 Cl_2、Br_2 中毒不可进行人工呼吸,CO 中毒不可使用兴奋剂。

6. 受溴腐蚀致伤

用苯或甘油清洗伤口,再用水冲洗。

7. 受磷灼伤

用 1% $AgNO_3$ 或 5% $CuSO_4$ 清洗伤口,然后包扎。

8. 毒物进入口内

把 5～10 mL 稀 $CuSO_4$ 溶液加入一杯温水中,内服后用手指伸入咽喉部,促使呕吐,吐出毒物,然后立即送医院。

9. 触电

首先切断电源,然后在必要时进行人工呼吸。

10. 起火

起火后,要立即一边灭火,一边防止火势蔓延(如采取切断电源、移走易燃药品等措施)。灭火要针对起因选用合适的方法。一般的小火可用湿布、石棉布或砂子覆盖燃烧物,即可灭火。火势大时应使用泡沫灭火器。但电器设备所引起的火灾,应使用二氧化碳或四氯化碳灭火器灭火,不能使用泡沫灭火器,以免触电。活泼金属如钠、镁及非金属白磷等着火,宜用干沙灭火,不宜用水、泡沫灭火器以及四氯化碳灭火器等。实验人员衣服着火时,切勿惊慌乱跑,应赶快脱下衣服,或用石棉布覆盖着火处。

为了对实验室意外事故进行紧急处理,实验室需配备常用急救药品,如红药水、碘酒(3%)、烫伤膏、消炎粉、消毒纱布、消毒棉、剪刀等。

2.1.4 常用灭火器介绍

实验过程中不慎起火,不要惊慌,可采用灭火器灭火,见表 2-1。

表 2-1 常用灭火器介绍

灭火器类型	灭火剂成分	适用范围
泡沫灭火器	$Al_2(SO_4)_3$ 和 $NaHCO_3$	适用于油类起火
二氧化碳灭火器	液态 CO_2	适用于扑灭忌水的火灾,如电器设备和小范围油类火灾等

续表

灭火器类型	灭火剂成分	适用范围
酸碱式	H_2SO_4 和 $NaHCO_3$	非油类和非电器的一般火灾
干粉灭火器	$NaHCO_3$ 等盐类物质与适量的润滑剂和防潮剂	适用于不能用水扑灭的火灾,如精密仪器、油类、可燃性气体、电器设备、图书文件和遇水易燃物品的初起火灾
四氯化碳灭火器	液态 CCl_4	适用于扑灭电器设备、小范围的汽油、丙酮等失火
1211 灭火剂	CF_2ClBr 液化气体	特别适用于不能用水扑灭的火灾,如精密仪器、油类、有机溶剂、高压电气设备的失火等

2.1.5 实验室"三废"的处理

1. 废气

对产生少量有毒气体的实验应在通风橱内进行。通过排风设备将少量毒气排到室外(使排出气在外面大量空气中稀释),以免污染室内空气。产生毒气量大的实验必须备有吸收或处理装置。如 SO_2、Cl_2、H_2S、HF 等可用导管通入碱液中使其大部分吸收后排出,CO 可点燃转成 CO_2。做金属汞的实验应特别小心,不得把汞洒落在桌上或地上。一旦洒落,必须尽可能收集起来,并用硫黄粉盖在洒落的地方上,使汞转变成不挥发的 HgS。

2. 废渣

包含少量有毒物质的废渣应掩埋于指定地点。

3. 废液

一般酸碱废液可稀释后排放。对含重金属离子或汞盐的废液可加碱调 pH 为 8~10 后再加硫化物处理,使毒害成分转变成难溶于水的氢氧化物或硫化物沉淀,沉淀分离后残渣掩埋于指定地点,清液达环保排放标准后方可排放。废铬酸洗液可加入 $FeSO_4$,使六价铬还原为无毒的三价铬后,按普通重金属离子废液处理。含氰废液量少时可先加 NaOH 调 pH 至大于 10,再加适量 $KMnO_4$ 使 CN^- 氧化分解除去;量多时则在碱性介质中加 NaClO 使 CN^- 氧化分解成 CO_2 和 N_2。

2.2 化学试剂

2.2.1 化学试剂的分类

化学试剂按杂质含量的多少,通常分为不同等级,见表 2-2。

表 2-2　我国的化学试剂等级

等级	名称	英文名称	英文符号	标签颜色	适用范围
一级试剂	优级纯（保证试剂）	guaranteed reagent	G.R.	绿	精密分析
二级试剂	分析纯（分析试剂）	analytical reagent	A.R.	红	一般分析实验
三级试剂	化学纯	chemical pure	C.P.	蓝	一般化学实验
四级试剂	实验试剂	laboratory reagent	L.R.	棕、黄	一般化学实验辅助试剂
生化试剂	生化试剂	biochemical	B.R.	咖啡或玫红	生物化学及医用化学实验

此外,根据专用试剂的用途,还有色谱试剂、光谱试剂、生物试剂等。这些试剂不能认为是化学分析的基准试剂。

化学试剂的级别不同,价格相差很大,所以,只要与实验的要求相适应即可,避免不必要的浪费。

2.2.2　化学试剂的贮存

(1) 固体试剂应装在广口瓶中,液体试剂盛在细口瓶或滴瓶中;见光易分解的试剂应存放在棕色瓶中;容易侵蚀玻璃而影响试剂纯度的应贮存在塑料瓶中;盛碱的瓶子要用橡皮塞,不能用磨口塞,以防瓶口被碱溶结。

(2) 吸水性强的试剂用蜡密封。

(3) 剧毒试剂应专人保管,要经一定手续取用,以免发生事故。

(4) 受热易分解的试剂必须存放在冰箱中,易吸湿或易氧化的试剂存放于干燥器中,金属钠浸在煤油中,白磷要浸在水中。

(5) 盛溶液的试剂瓶,外面应贴上标签,标明试剂的名称、规格、浓度、配制时间等。

2.3　化学实验常用仪器介绍

具体见表 2-3。

表 2-3　化学实验常用仪器介绍

仪器与名称	材质与规格	使用说明
烧杯	玻璃质或塑料质。玻璃质分硬质和软质,有一般型和高型、有刻度和无刻度等几种。一般以容积(单位 mL)表示规格,有 50、100、250、500、1 000、2 000 mL 等规格	玻璃烧杯常用于大量物质的反应容器,可以加热。加热时烧杯底部要垫石棉网,所盛反应液体一般不能超过烧杯容积的 2/3,也可用于配制溶液。塑料质(聚四氟乙烯)烧杯常用于由强碱性溶剂或氢氟酸分解样品的反应容器。加热温度一般不能超过 200 ℃

续表

仪器与名称	材质与规格	使用说明
锥形瓶　碘量瓶	玻璃质，分硬质和软质、有塞（磨口）和无塞、广口和细口等几种。一般以容积（单位 mL）表示规格，有 50、100、250、500 mL 等规格	用作反应容器、接收容器、滴定容器（便于振荡）和液体干燥等。加热时应垫石棉网或用水浴，以防破裂 有塞的锥形瓶又叫碘量瓶，在间接碘量法中使用
移液管　吸量管	玻璃质，单刻度（大肚型）的叫移液管，有分刻度的叫吸量管。规格以最大标度表示，有 1、2、5、10、25、50 mL 等	用于精确移取一定体积的液体。用后应立即洗净，洗净后不能放在烘箱中烘干
容量瓶	玻璃质，一般以容积（单位 mL）表示规格，有 10、25、50、100、500、500、1 000、2 000 mL 等规格	量入容器。用于配制准确浓度的溶液。注意事项：①不能加热，不能代替试剂瓶用来存储溶液，以避免影响容量瓶容积的准确度。②为使配制准确，溶质应先在烧杯内溶解后移入容量瓶。③不用时应在瓶塞和瓶口磨口处垫上纸片
酸式滴定管　碱式滴定管	玻璃质，有酸式和碱式两种，一般以容积（单位 mL）表示规格，常见的有 10、25、50、100 mL 等规格	用于滴定分析或量取较准确体积的液体。酸式滴定管还可用作柱色谱分析中的色谱柱
分液漏斗　滴液漏斗	玻璃质，分球形、梨形、筒形和锥形等几种。一般以容积（单位 mL）表示规格，有 50、100、250、500 mL 等规格	分液漏斗用于分离互不相溶的液体，也可用于向某容器加入试剂。若需滴加，则需用滴液漏斗 注意事项：①不能加热；②防止塞子和旋塞损坏；③不用时应在塞子和旋塞处垫上纸片，以防其不能取出。特别是分离或滴加碱性溶液后，更应注意

续表

仪器与名称	材质与规格	使用说明
安全漏斗	玻璃质，分为直形、环形和球形	用于加液和装配气体发生器，使用时应将其漏斗颈插入液面以下
表面皿	玻璃质，一般以直径单位（mm）表示规格，有 45、65、75、90 mm 等规格	多用于盖在烧杯上，防止杯内液体迸溅或污染。使用时不能直接加热
布氏漏斗	瓷质，常以直径表示其大小	用于减压过滤，常与抽滤瓶配套使用。不能加热，滤纸应稍小于其内径
长颈漏斗　漏斗	玻璃质、搪瓷质或塑料质，分为长颈和短颈两种。一般以漏斗口颈（单位 mm）表示规格，有 30、40、60、100、120 mm 等规格	用于过滤沉淀或倾注液体，长颈漏斗也可用于装配气体发生器。不能加热（若需加热，可用铜漏斗过滤），但可过滤热的液体
漏斗式　坩埚式 玻璃漏斗（砂芯漏斗）	一类由颗粒状玻璃、石英、陶瓷或金属等经高温烧结，并具有微孔结构的过滤器。常用的是玻璃漏斗，它的底部是玻璃砂在 873 K 左右烧结的多孔片。根据烧结玻璃孔径的大小分为 6 种型号	用于过滤沉淀，常和抽滤瓶配套使用。不宜过滤浓碱溶液、氢氟酸溶液或热的浓磷酸溶液
抽滤瓶	玻璃质，一般以容积（单位 mL）表示规格，有 50、100、250、500 mL 等规格	用于减压过滤，上口接布氏漏斗或玻璃漏斗，侧嘴接真空泵。不能加热
蒸发皿	通常为瓷质，也有玻璃、石英、铂制品。有平底和圆底之分。一般以容积（单位 mL）表示规格，有 75、200、400 mL 等规格	用于蒸发和浓缩液体。能耐高温，可直接加热，但不能骤冷，以防破裂。使用时应根据液体性质选用不同材质的蒸发皿

续表

仪器与名称	材质与规格	使用说明
坩埚	材质有普通瓷、铁、石英、镍和铂等，一般以容积（单位 mL）表示规格，有 10、15、25、50 mL 等规格	用于灼烧固体用。使用时应根据灼烧温度及试样性质选用不同类型的坩埚，以防损坏坩埚
平底烧瓶　圆底烧瓶　蒸馏烧瓶	通常为玻璃质，分硬质和软质，有平底、圆底、长颈、短颈、细口、厚口和蒸馏烧瓶等几种。一般以容积（单位 mL）表示规格，有 50、100、250、500 mL 等规格	用于化学反应的容器或液体的蒸馏。使用时液体的盛放量不能超过烧瓶容量的 2/3，一般固定在铁架台上使用
滴瓶	通常为玻璃质，分无色和棕色（避光）两种。滴瓶上乳胶滴头另配。一般以容积（单位 mL）表示规格，有 15、30、60、125 mL 等规格	用于盛放少量液体试剂或溶液，便于取用。滴管为专用，不得弄脏弄乱，以防污染试剂。滴管不能吸得太满或倒置，以防试剂腐蚀乳胶头
细口瓶	通常为玻璃质，有磨口和不磨口、无色和有色（避光）之分。一般以容积（单位 mL）表示规格，有 100、125、250、500、1 000 mL 等规格	磨口瓶用于盛放液体药品或溶液。注意事项：①不能直接加热。②磨口瓶不能盛放碱性物质，因碱性物质会使磨口瓶和塞粘连。作气体燃烧实验时应在瓶底放薄层的水或砂子，以防破裂。③磨口瓶不用时应用纸条垫在瓶塞与瓶子间，以防打不开。④磨口瓶与塞均配套，不要弄乱
广口瓶	一般为玻璃质，有无色和棕色（避光）、磨口和光口之分。一般以容积（单位 mL）表示规格，有 30、60、125、250、500 mL 等规格	磨口瓶用于储存固体药品，光口瓶通常作集气瓶使用。注意事项同细口瓶

续表

仪器与名称	材质与规格	使用说明
药勺	由塑料或牛角制成	用于取用固体药品,用后应立即洗净、干燥
称量瓶	玻璃质,分高型和扁型两种,以外径(mm)×高(mm)表示,如高型 25×40,扁型 50×30	用于准确称取一定量固体药品。扁平称量瓶主要用于测定样品中的水分。盖子为配套的磨口盖,不能弄乱或丢失。不能加热
试管架	一般为木质或铝质,有不同形状与大小,用于放试管和离心试管	使用过的试管和离心试管应及时洗涤,以免放置时间过久而难以洗涤
泥三角	由铁丝扭成,并套有瓷管	灼烧坩埚时使用。使用前应检查铁丝是否断裂
漏斗架	木制或铁制	过滤时用于承接漏斗,漏斗的高度可由漏斗架调节
三脚架	铁制品,有大小和高低之分	用于放置较大或较重的加热容器

续表

仪器与名称	材质与规格	使用说明
铁架台、铁圈和铁夹	铁制品,铁夹有铝制的和铜制的	铁夹用于固定蒸馏烧瓶、冷凝管、试管等仪器。铁圈可放置分液漏斗或反应容器
酒精灯	玻璃质,灯芯套管为瓷质,盖子有塑料质或玻璃质之分	用于一般加热。使用方法见本书3.2.1节内容
石棉网	由铁丝网上涂石棉制成	用于使容器均匀受热。不能与水接触,石棉脱落时不能使用(石棉是电的不良导体)
试管夹	有木制、竹制、钢制等,形状各不相同	用于夹持试管
坩埚钳	铁或铜制,有大小和长短之分	用于夹持坩埚或热的蒸发皿
毛刷	常以大小或用途分类,有试管刷、烧瓶刷、滴定管刷等多种	用于洗刷仪器。毛刷顶部无毛的刷子不能使用
洗瓶	一般为塑料质	用于盛放蒸馏水

续表

仪器与名称	材质与规格	使用说明
温度计	玻璃质,常用的有水银温度计和酒精温度计	用于测量体系的温度。若不慎将水银温度计损坏,洒出的汞(汞有毒)需按要求处理
点滴板	瓷质。有白色和黑色之分,常以穴的多少表示规格,有九穴、十二穴等规格	用于性质实验的点滴反应。有白色沉淀时用黑色点滴板
燃烧勺	铜质	用于检验某些固体的可燃性。用完应立即洗净并干燥,以防腐蚀
研钵	材质有瓷、玻璃和玛瑙等。一般以口径(单位 mm)大小表示规格	用于研碎固体,或固-固、固-液的研磨。注意事项:① 使用时不能敲击,只能研磨,以防击碎研钵或研杵,避免固体飞溅;② 易爆物只能轻轻压碎,不能研磨,以防爆炸
自由夹和螺旋夹	铁制品	用于打开和关闭流体的通道
干燥器	玻璃质,按玻璃颜色分为无色和棕色两种,以内径(单位 mm)表示规格,有 100、150、180、200 mm 等规格	分上、下两层,下层放干燥剂,上层放置需保持干燥的物品,如易吸收水分,或已经烘干或灼烧后的物质

续表

仪器与名称	材质与规格	使用说明
比色管	有无塞和具塞两种,以容量(mL)表示,通常有 25、50mL 等	用于目视比色分析实验的主要仪器。不能加热,同一比色实验中要使用同样规格的比色管。清洗时不能用硬毛刷刷洗,以免磨损管壁而影响透光度

2.4 化学实验用水的要求及制备

2.4.1 化学实验用水的要求

自来水中常含有 K^+、Na^+、Ca^{2+}、Mg^{2+} 等金属离子的碳酸盐、硫酸盐、氯化物及某些气体等杂质。用之配制溶液时,这些杂质可能会与溶液中的溶质起化学反应而使溶液变质失效,也可能会对实验现象或结果产生不良的干扰和影响。因此,做化学实验时,溶液的配制一般要用纯水,即经过提纯的水。

我国已建立了实验室用水规格的国家标准(GB 6682-2008),规定了实验室用水的技术指标、制备方法及检验方法。中国国家实验室用水标准见表 2-4。

表 2-4 实验室用水的级别及主要指标

指标名称	一级	二级	三级
pH 范围(298 K)	—	—	5.0~7.5
电导率(298 K)/(mS·m^{-1})	≤0.01	≤0.10	≤0.50
吸光度(254 nm,1 cm 光程)	≤0.001	≤0.01	—
可溶性硅(以 SiO$_2$ 计)/(mg·L^{-1})	<0.01	<0.02	—

纯水的要求:定性检验无 Ca^{2+}、Mg^{2+}、Cl^-、SO_4^{2-} 等离子。实验室常用的纯水有蒸馏水、去离子水和电导水,它们在 298 K 时的电导率分别为 1 mS·m^{-1}、0.1 mS·m^{-1}、0.1 mS·m^{-1}。

2.4.2 化学实验用水的制备方法

1. 蒸馏水

将自来水经过蒸馏器蒸馏,所产生的蒸汽经冷凝即得蒸馏水。由于绝大部分无机盐都不挥发,因此蒸馏水较纯净,但不能完全除去水中溶解的气体杂质,适用于一般溶液的配制。此外,一般蒸馏装置所用材料是不锈钢、纯铝或玻璃,因而可能会带入金属离子。

2. 去离子水

离子交换树脂由高分子骨架、离子交换基团和孔三部分组成。离子交换基团上具有的 H^+ 和 OH^- 与水中阳、阴离子杂质进行交换,将水中的阳、阴离子杂质截留在树脂上,进入水中的 H^+ 和 OH^- 重新结合成水而达到纯化水的目的。凡能与阳离子起交换作用的树脂称为阳离子交换树脂,与阴离子起交换作用的树脂则称为阴离子交换树脂。将自来水依次通过阳离子树脂交换柱,阴离子树脂交换柱,阴、阳离子树脂混合交换柱后所得到的纯水为去离子水,其纯度比蒸馏水高,但不能除去非离子型杂质,常含有微量的有机物。

3. 电导水

在第一套蒸馏器(最好是石英制的,其次是硬质玻璃)中装入蒸馏水,加入少量高锰酸钾固体,经蒸馏除去水中的有机物,得重蒸馏水。再将重蒸馏水注入第二套蒸馏器中(最好也是石英制的),加入少许 $BaSO_4$ 和 $KHSO_4$ 固体,进行蒸馏。弃去馏头、馏后各10 mL,收取中间馏分。电导水应收集保存在带有碱石灰吸收管的硬质玻璃瓶内,储存时间不能太长,一般在两周以内。

采用蒸馏或离子交换法制备的纯水一般为三级水。将三级水再次蒸馏后所得纯水一般为二级水,常含有微量的无机、有机或胶态杂质。将二级水再进一步处理后所得纯水一般为一级水。用石英蒸馏器将二级水再次蒸馏所得的水,基本上不含有溶解或胶态离子杂质及有机物。

2.5 实验数据处理方法

2.5.1 有效数字

有效数字是能够测量到的数字,具有一定的物理意义。有效数字不仅表示数值的大小,而且反映了测量仪器的精密程度及数据的可靠程度。

1. 确定有效数字位数的规则

① 非零数字都是有效数字。

② "0"既可是有效数字,也可不是有效数字。在其他数字之间或之后的"0"为有效数

字;在第一个非零数字之前起定位作用的"0"不是有效数字。

1.000 8	4.318 1	5位
0.100 0	10.51%	4位
0.038 2	1.96×10^{-10}	3位
54	0.004 0	2位
0.05	2×10^5	1位

2.有效数字的运算规则

①计算中应先修约后计算。

②加减运算。几个有效数字相加或相减时,和或差的有效数字位数应以各数中小数点后位数最少(绝对误差最大)的为准。如:

$$0.123\ 5+15.34+2.455+11.375\ 89$$
$$=0.12+15.34+2.46+11.38$$
$$=29.30$$

③乘除运算。几个有效数字相乘除时,积或商的有效数字位数应以各数中有效数字位数最少(相对误差最大)的为准。如:

$$\frac{0.032\ 5\times5.103\times60.06}{139.8}=\frac{0.032\ 5\times5.10\times60.1}{140}=0.071\ 2$$

2.5.2 实验数据的记录

记录实验数据时,应根据使用仪器的精度(表2-5),只保留一位不准确数字。如用万分之一的分析天平称量时,以g为单位,小数点后应保留4位数字。用酸碱滴定管测量溶液的体积,以mL为单位时,小数点后应保留2位。

表2-5 常用仪器的精度及记录要求

仪器名称	仪器精度	记录示例	有效数字
台 称	0.1 g	11.3 g	3位
分析天平	0.000 1 g	1.236 7 g	5位
10 mL 量筒	0.1 mL	7.6 mL	2位
100 mL 量筒	1 mL	45 mL	2位
移液管	0.01 mL	25.00 mL	4位
滴定管	0.01 mL	24.57 mL	4位
容量瓶	0.01 mL	100.00	5位

实验记录是评价学生实验操作的依据,不能随意涂改;若确实有误,需报告教师并经教师批准后方可改动实验记录。修改实验记录时,不能在原来的记录上修改,而应该重新

书写(在原记录上画一横线以示作废)。

记录实验数据时不仅要求字体工整,而且内容应简单明了,便于教师检查实验数据的好坏。如差减法称量某样品的质量时,可按下列形式记录。

称量瓶重

$W_1 = 30 \text{ g} + 240 \text{ mg} + 3.5 \text{ mg} = 30.243\ 5 \text{ g}$

$W_2 = 29 \text{ g} + 700 \text{ mg} + 2.4 \text{ mg} = 29.702\ 4 \text{ g}$

$W_3 = 29 \text{ g} + 200 \text{ mg} + 5.0 \text{ mg} = 29.205\ 0 \text{ g}$

$W_4 = 28 \text{ g} + 680 \text{ mg} + 8.9 \text{ mg} = 28.688\ 9 \text{ g}$

样品重

$W_1 - W_2 = 0.541\ 1 \text{ g}$

$W_2 - W_3 = 0.497\ 4 \text{ g}$

$W_3 - W_4 = 0.516\ 1 \text{ g}$

滴定分析时,消耗标准溶液的体积可按下列形式记录:

测定次数	1	2	3	4
初读数/mL	0.02	0.12	0.15	0.05
终读数/mL	25.45	25.56	25.28	25.45
消耗体积/mL	25.43	25.44	25.13	25.40

2.5.3 实验数据处理

在化学实验中,尤其是测定实验,经常需要对大量实验数据进行处理和计算,为了明确、直观地表达这些数据的内在关系,常将实验结果用列表法、作图法及线性回归法来表示。

1.列表法

用列表法处理实验数据时,应注意以下几点:

①表格名称。每一表格均应用简练的文字给予适当的名称。

②行名与量纲。在对应数据的行或列上写出变量的名称与量纲。

③各列数据的小数点应对齐。

表格法的优点是简单,但不能表示出数据间连续变化的规律和实验数值范围内任意自变量与因变量的对应关系,故列表法常用于组织数据,并与作图法及代数法混合应用。

2.作图法

将实验数据用几何图形表示出来的方法称为作图法。作图法能简明地揭示各变量之间的关系,例如数据中的极大值、极小值、转折点、周期性等都很容易从图像上找出来。有时进一步分析图像还能得到变量间的函数关系。用作图法处理数据时,应注意以下要点:

(1)坐标标度的选择

最常用的坐标纸是直角毫米坐标纸,习惯上以横坐标表示自变量,纵坐标表示因变量。坐标轴比例尺的选择一般应遵循下列原则:

能表示出全部有效数字,从图中读出的物理量的有效数字应与测量的有效数字一致;图纸中每一小格所对应的数值要方便易读,即每单位坐标格子最好是1、2或5的倍数,而不要采用3、7的倍数;在不违反上述两条件的前提下,坐标纸的大小必须能包括所有必需的数据且略有宽余。若无特殊需要就不一定把变量的零点作为原点,可以从稍低于最小测量值的整数开始。这样可以充分利用图纸,而且有利于保证图的准确度。

坐标标度选定后,在纵横坐标轴旁应注明轴变量的名称及单位,并在纵轴左面和横轴下面图纸逢5或逢10的粗线上标注该变量对应的值,以便作图和读数。

(2)点和线的描绘

点的描绘。代表某一读数的点可用"○●△▲▽▼◇◆□■"等不同的符号表示,符号的重心对应着该数据的纵横坐标,整个符号的大小应与图的大小相适应。在曲线的极大、极小或转折处应多取一些点,以保证曲线所表示规律的可靠性。

点的连接。在定量分析中,自变量和因变量有确定的线性关系,将各点连接起来时,连接线要尽量平滑,不一定必须通过每一个点,但要照顾到各点。在一般的性质测定时,连接线一般要尽量通过每一个点。

如果发现个别点远离曲线,又不能判断被测物理量在此区域会发生什么突变,就要充分分析是否有过失误差存在;如果确属这一情况,描线时可不考虑此点。但是,如果重复实验仍有同样情况,就应在这一区间重复进行仔细的测量,搞清在此区域内是否存在某些必然的规律,并严格按照上述原则描线。总之,切不可毫无理由地舍弃远离曲线的点。

若在同一图上绘制多条曲线时,每条曲线的代表点和对应曲线要用不同的符号来表示,并在图上说明。

(3)图名和说明

曲线作好后应在图上注图名,标注坐标轴代表的物理量和比例尺以及主要测量条件(温度、压力、浓度、时间等)。

3.用计算机软件绘制工作曲线

用计算机进行实验数据的处理、画图(如常用 Excel 和 Origin 软件),已经是比较成熟的技术,其快速、准确的特点无法用其他方法替代,如今已广泛地应用在科研、教学中。在仪器分析中,经常用工作曲线法测定被测组分的含量,工作曲线的好坏直接影响着测量结果的准确度,因此,正确地绘制工作曲线是保证测量结果准确的重要步骤之一。如分光光度法测定铁含量,在绘制工作曲线时,首先按与试样测定相同的实验方法配制一系列浓度由低到高的标准溶液,然后测定系列标准溶液的吸光度,数据见表2-6。

表2-6 吸光度 A 与 Fe^{2+} 含量之间的关系

Fe^{2+} 的含量/(mg·L^{-1})	0.00	0.40	0.80	1.20	1.60	2.00
吸光度 A	0.00	0.081	0.162	0.236	0.314	0.392

(1)使用 Excel 软件画图

Excel 是 Microsoft Office 的套件之一,用于表格处理、画图、数据分析。在 Excel 中能方便地将表格中的数据转化为图。

以吸光度为纵坐标、溶液的浓度为横坐标,作出吸光度-浓度曲线,即得工作曲线,如图 2-1 所示。若同时测出试样的吸光度,就可由工作曲线求出其浓度。

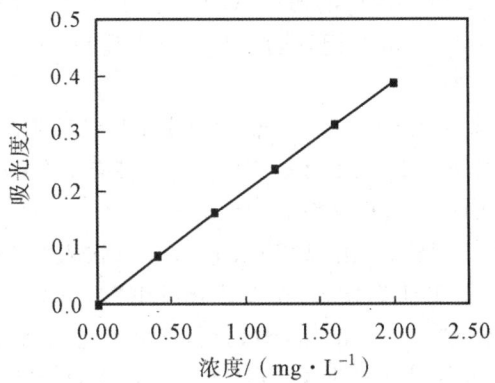

图 2-1　吸光度 A 与 Fe^{2+} 浓度之间的关系

横坐标既可以为比色管内溶液的物质的量浓度($mol \cdot L^{-1}$),也可以为比色管内量取标准溶液的体积或比色管内量取标准溶液的质量。若横坐标为比色管内溶液的物质的量浓度,则由样品溶液的吸光度在工作曲线上查出的对应于横坐标的数值为被测组分在比色管内的物质的量浓度;若横坐标为比色管内量取标准溶液的体积,则由样品溶液的吸光度在工作曲线上查出的对应于横坐标的数值为被测组分相当于标准溶液的体积;若横坐标为比色管内量取标准溶液的质量,则由样品溶液的吸光度在工作曲线上查出的对应于横坐标的数值为被测组分在比色管内的质量。

其处理过程如下:

①启动 Excel 后,出现自动创建一个新的工作簿文件,取名为"Book1"。

②将实验数据按列输入,Fe^{2+} 的浓度输入 A 列,吸光度输入 B 列。

③按"插入"菜单,选择"图表",出现"图表类型"对话框,选择"图表类型"中的"XY 散点图",按"下一步"。

④出现"图表源数据"对话框,在"数据区域"中填上"A:B",并在"系列产生"框中选"列",按"下一步"。

⑤出现"图表选项"对话框,在"图表标题"中填入"吸光度 A 与 Fe^{2+} 浓度之间的关系",在"数轴(X)轴"中填入"浓度/($mg \cdot L^{-1}$)",在"数轴(Y)轴"中填入"吸光度 A",按"完成"即得到图。

⑥将鼠标移至图中任一点,单击右键,可以对"网格线""图案颜色"等进行修改。

⑦将鼠标移至图中任一数据点,单击右键选中此列数据点,并在出现的对话框中选择"添加趋势曲线",然后在"类型"页中选"线性(L)",在"选项"页中的"显示公式"和"显示 R 平方值"前打"√",按"确定"键,即可得到回归方程:$A = 0.195\ 2c + 0.023, R^2 = 0.999\ 8$。

(2)使用 Origin 软件画图

Origin 是 Windows 平台下用于数据分析和工程绘图的软件,功能强大,应用很广。它最基本的功能是曲线拟合。现以表中实验数据的处理为例,介绍 Origin 6.0 软件曲线的拟合过程。

①启动 Origin 后,出现"Data1"。

②将数据按"列"输入,Fe^{2+} 的浓度输入 A(X)列,吸光度 A 输入 B(Y)列。

③将鼠标移至 B(Y)列,单击右键,选择"Plot",再选择"Scantter",即得到图形文件 Graph1。

④按"Tools"菜单,选择"Linear Fit",出现"Linear Fit"对话框,点击"Fit",在 Graph1 中就显示出得到的拟合曲线,"Results Log"窗口出现拟合后的有关参数,所得到的回归系数 $A=0.00229, B=0.19521$,相关系数 $R=0.99991$。

⑤双击图中"x Axis Title"处,出现"Text control",输入"$c(Fe^{2+})/(mg \cdot L^{-1})$",点击"OK";双击图中"y Axis Title",输入"A",点击"OK"。

⑥双击 y 轴坐标,出现"y Axis Title"对话框,可以对坐标刻度、数字大小进行修改。

用 Origin 软件同样也可以画出曲线,方法类似于直线的绘制。如图 2-2 所示。

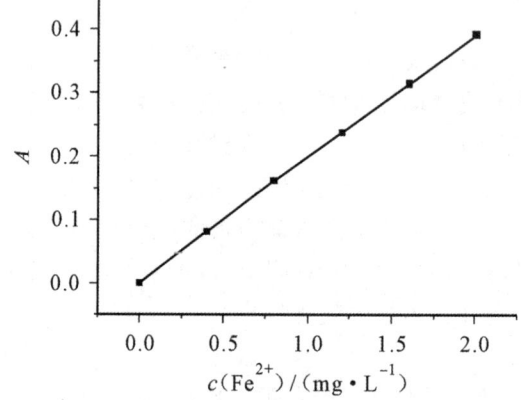

图 2-2　吸光度 A 与 Fe^{2+} 浓度之间的关系

第3章 化学实验基本操作

3.1 玻璃仪器的洗涤和干燥

3.1.1 玻璃仪器的洗涤

化学实验使用的玻璃仪器常沾有可溶性化学物质、不溶性化学物质、灰尘及油污等污物。为了得到准确的实验结果,实验前必须将实验仪器洗涤干净。玻璃仪器的洗涤方法很多,常用的有冲洗、刷洗、药剂洗涤等方法。下面简要介绍一般的洗涤方法。

1. 冲洗

在玻璃仪器内注入约占总量1/3的自来水,用力振荡片刻,倒掉,照此连洗数次,可洗去沾附易溶物和部分灰尘。

2. 刷洗

用水不能清洗干净时,可用毛刷由外到里刷洗干净。刷洗时需选用合适的毛刷。毛刷可按所洗涤仪器的类型、规格(口径)大小来选择。洗涤试管和烧瓶时,端头无直立竖毛的秃头毛刷不可使用。刷洗后,再用水连续振荡数次。每次用水量不要太多。刷洗数次后,检查是否干净。若不干净,需用毛刷蘸少量去污粉(肥皂粉或洗衣粉)等再进行刷洗,然后用水冲去去污粉,直到洗净为止。冲洗或刷洗后,一般还应用蒸馏水淋洗2~3次。

3. 药剂洗涤

对准确度较高的量器,或更难洗去的污物,或因仪器口径较小,管细长等不便刷洗的仪器可用铬酸洗液或王水洗涤,也可针对污物的化学性质选用其他适当的试剂洗涤(即利用酸碱中和反应、氧化还原反应、配位反应等,将不溶物转化为易溶物再进行清洗。如银镜反应沾附的银及沉积的 Ag_2S 可加入 HNO_3 生成易溶的 $AgNO_3$;未反应完的 MnO_2,反应生成的难溶氢氧化物、碳酸盐等可用 HCl 处理生成可溶氯化物;沉积在器壁上的银盐,一般用 $Na_2S_2O_3$ 溶液洗涤,生成易溶配位化合物;沉积在器壁上的 I_2 可用 $Na_2S_2O_3$ 溶液清洗,也可用 KI 或 NaOH 溶液清洗;碱、碱性氧化物、碳酸盐等可用 $6\ mol \cdot L^{-1}$ HCl 溶解)。用铬酸洗液或王水洗涤时,先往仪器内注入少量洗液,使仪器倾斜并缓慢转动,让仪器内壁全部被洗液湿润。再转动仪器,使洗液在内壁流动,经转动几圈后,把洗液倒回原瓶(不可倒入水池或废液桶,铬酸洗液变暗绿色失效后可回收再生使用)。对沾污严重的仪器可用洗液浸泡一段时间,或者用热洗液洗涤。

用洗液洗涤时,决不允许将毛刷放入洗液中,倾出洗液后,再用水冲洗或刷洗,最后用蒸馏水淋洗。

铬酸洗液的配制方法:称取 10 g 工业级重铬酸钾固体放入烧杯中,加入 20 mL 热水溶解,冷却后在不断搅拌下慢慢加入 200 mL 浓 H_2SO_4,即得暗红色铬酸洗液。将之贮存于细口玻璃瓶中备用。取用后,要立即盖紧瓶塞。

仪器是否洗净可通过器壁是否挂水珠来检查。将洗净后的仪器倒置,如果器壁透明,不挂水珠则说明已洗净;如器壁有不透明处或附着水珠或有油斑,则未洗净,应予重洗。洗净后的仪器,不可用布或纸擦拭,而应用晾干或烘烤的方法使之干燥。

3.1.2 玻璃仪器的干燥

实验所用的仪器,除必须清洗外,有时还要求干燥。干燥的方法有以下几种(图 3-1)。

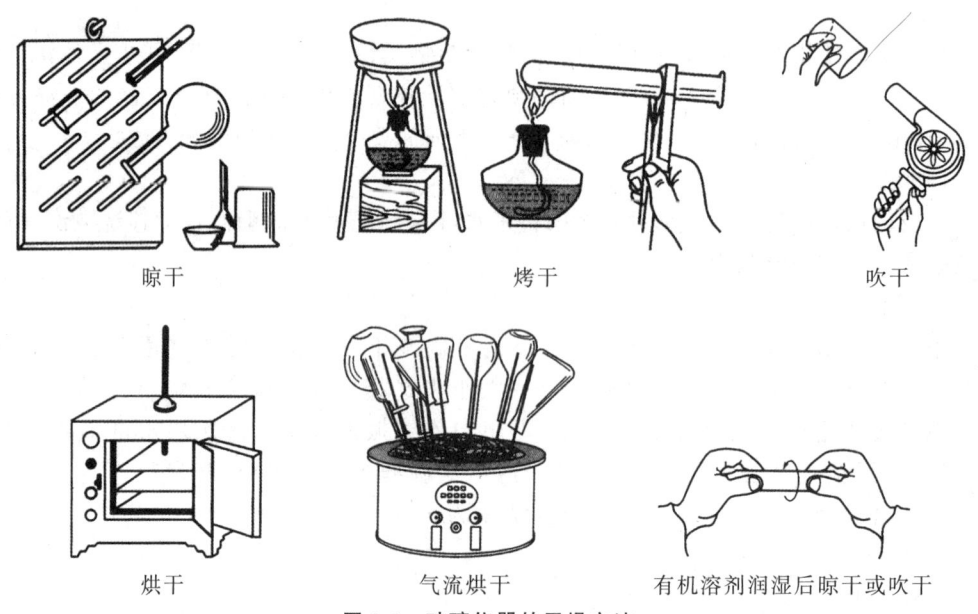

图 3-1 玻璃仪器的干燥方法

1.晾干

晾干是让残留在仪器内壁的水分自然挥发而使仪器干燥。一般是将洗净的仪器倒置在干净的仪器柜内或滴水架上,任其滴水晾干。属于这样干燥的仪器主要是需要干燥的容量仪器、加热烘干时容易炸裂的仪器,以及不需要将其所沾水完全排除以至恒重的仪器。

2.热(冷)风吹干

洗净的仪器若急需干燥,可用电吹风直接吹干,或倒插在气流烘干器上。若在吹风前先用易挥发的有机溶剂(如乙醇、丙酮、石油醚等)淋洗一下,则干得更快。

3.加热烘干

如需干燥较多的仪器,可使用电热鼓风干燥箱烘干。将洗净的仪器倒置稍沥去水滴后,放入干燥箱的隔板上,关好门,控制箱内温度在105 ℃左右,恒温烘干半小时即可。对可加热或耐高温的仪器,如试管、烧杯、烧瓶等还可利用加热的方法使水分迅速蒸发而干燥。加热前先将仪器外壁擦干,然后用小火烤干,烤干时注意不时转动以使仪器受热均匀。

仪器干燥时需注意带有刻度的计量仪器不能用加热的方法进行干燥,以免影响仪器的精度。刚烤烘完毕的热仪器不能直接放在冷的特别是潮湿的桌面上,以免因局部骤冷而破裂。

3.2 加热方法

3.2.1 酒精灯

酒精灯是实验室常用的加热工具,其加热温度为400～500 ℃,适用于温度不需要太高的实验。酒精灯由灯帽、灯芯(以及瓷质套管)和盛酒精的灯壶三个部分组成,见图3-2(a)。

正常使用时酒精灯的火焰可分为焰心、内焰和外焰三个部分,见图3-2(b)。外焰的温度最高,往内依次降低。故加热时应调节好受热器与灯焰的距离,用外焰来加热,见图3-2(c)。

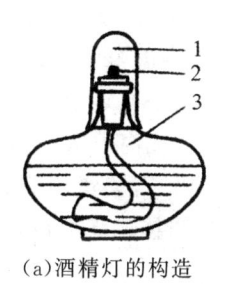
(a)酒精灯的构造
1—灯罩;2—灯芯;3—灯壶

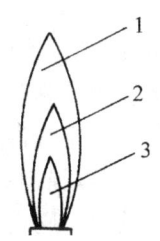
(b)酒精灯的灯焰
1—外焰;2—内焰;3—焰心

(c)加热方法

图 3-2 酒精灯的构造及其使用

注意事项:

①点燃酒精灯之前,应先使灯内的酒精蒸气排出,防止灯壶内酒精蒸气因燃烧受热膨胀而将瓷管连同灯芯一并弹出,从而引起燃烧事故。

②灯芯不齐或烧焦时,应用剪刀修整为平头等长。

③新换的灯芯应让酒精浸透后才能点燃,否则一点燃就会烧焦。

④不能拿燃着的酒精灯去引燃另一盏酒精灯。

⑤不能用口来吹灭酒精灯,而应用灯盖罩上,使其缺氧后自动熄灭,片刻后再把灯盖

提起一下,然后再罩上(为什么?)。

⑥添加酒精时应先熄灭灯焰,然后借助漏斗把酒精加入灯内。灯内酒精的量不能超过酒精灯容积的2/3。

酒精易挥发、易燃烧,使用时需注意安全,万一洒出的酒精在灯外燃烧,可用湿布或石棉布扑灭。

3.2.2 酒精喷灯

酒精喷灯有挂式与座式两种,其构造如图3-3所示。挂式喷灯的酒精贮存在悬挂于高处的贮罐内,而座式喷灯的酒精则贮存于作为灯座的酒精壶内。

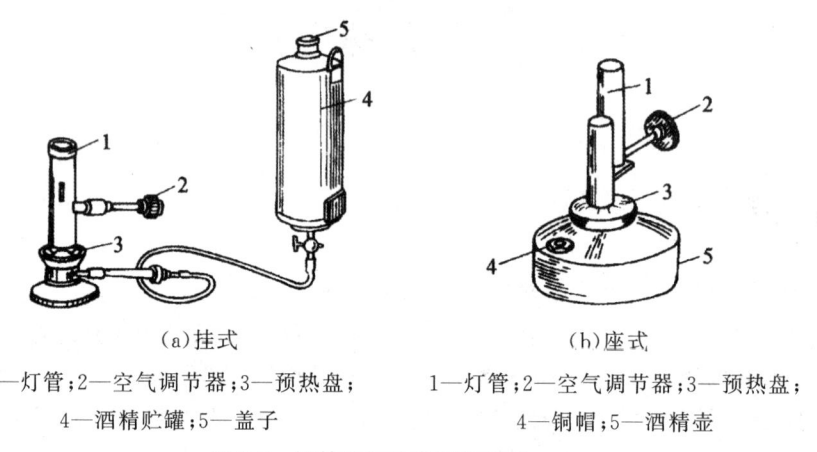

(a)挂式　　　　　　　　　　　　(b)座式
1—灯管;2—空气调节器;3—预热盘;　　1—灯管;2—空气调节器;3—预热盘;
4—酒精贮罐;5—盖子　　　　　　　4—铜帽;5—酒精壶

图 3-3　酒精喷灯的类型和构造

使用挂式喷灯时,打开挂式喷灯酒精贮罐下口开关,并先在预热盘中注入适量的酒精,然后点燃盘中的酒精,以加热灯管,待盘中酒精将近燃完时,开启空气调节器,这时由于酒精在灼热的灯管内汽化,并与来自气孔的空气混合,即燃烧并形成高温火焰(温度可达700～1 000 ℃)。调节空气调节器阀门可以控制火焰的大小。用毕,关紧调节器即可使灯熄灭,此时酒精贮罐的下口开关也应关闭。座式喷灯使用方法与挂式基本相同,但熄灭时需用盖板将灯焰盖灭,或用湿抹布将其闷灭。

注意事项:

①在开启调节器、点燃管口气体之前,必须使灯管充分灼热,否则酒精不能全部汽化,会有液体酒精由管口喷出,导致"火雨"(尤其是挂式喷灯)。这时应关闭开关,并用湿抹布熄灭火焰,重新往预热盘添加酒精,重复上述操作点燃。但连续两次预热后仍不能点燃时,则需要用探针疏通酒精蒸气出口,让出气顺畅后,方可再预热。

②座式喷灯灯内酒精量不能超过酒精壶的2/3,连续使用时间较长时(一般在半小时以上),酒精用完时需暂时熄灭喷灯,待冷却后,添加酒精,再继续使用。

③挂式喷灯酒精贮罐出口至灯具进口之间的橡皮管连接要好,不得有漏液现象,否则容易失火。

3.2.3 电加热器

根据需要,实验室还常用电炉、电加热套(板)、管式电炉、箱式电炉和微波炉等多种电器进行加热。

电炉可以代替酒精灯或酒精喷灯用于一般加热。加热时,容器和电炉之间应隔一层石棉网,保证受热均匀。

电加热套[图3-4(a)]和电加热板的特点是有温度控制装置,能够缓慢加热和控制温度,适用于分析试样的处理。

管式电炉[图3-4(b)]有一个管状炉膛,内插一根耐高温瓷管或石英管,瓷管内再放入盛有反应物的瓷舟,反应物可在真空、空气或其他气氛下受热,温度可从室温到1 000 ℃以上。箱式电炉[图3-4(c)]一般用电炉丝、硅碳棒或硅、硅钼棒作发热体,温度可调节控制。三种电炉的最高使用温度分别可达950 ℃、1 300 ℃和1 500 ℃。温度测量一般用热电偶。反应物放入坩埚或其他耐高温容器内,在马弗炉内不允许加热液体和其他易挥发的腐蚀性物质。若要灰化滤纸或有机成分,在加热过程中应打开炉门几次以通空气进去。

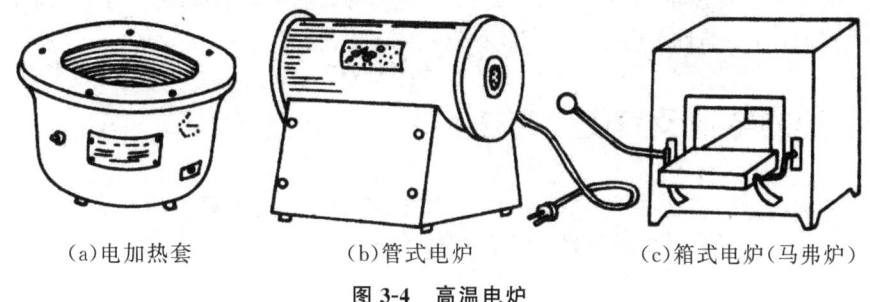

(a)电加热套　　　(b)管式电炉　　　(c)箱式电炉(马弗炉)

图3-4　高温电炉

微波炉的加热完全不同于常见的明火加热或电加热。工作时,微波炉的主要部件磁控管辐射出2 450 MHz的微波,在炉内形成微波能量场,并以每秒24.5亿次的速度不断地改变着正、负极性。当待加热物体中的极性分子,如水、蛋白质等吸收微波能后,也以高频率改变着方向,使分子间相互碰撞、挤压、摩擦而产生热量,将电磁能转化成热能。可见工作时微波炉本身不产生热量,而是待加热物体吸收微波能后,内部的分子相互摩擦而自身发热,简单地讲是摩擦起热。

微波是一种高频率的电磁波,它具有反射、穿透、吸收三种特性。微波碰到金属会被反射回来,而对一般的玻璃、陶瓷、耐热塑料、竹器、木器则具有穿透作用。它能被碳水化合物(如各类食品)吸收。由于微波的这些特性,微波炉在实验室中可用来干燥玻璃仪器,加热或烘干试样。如在重量法测定可溶性钡盐中的钡时,可用微波干燥恒重玻璃坩埚及沉淀,亦可用于有机化学中的微波反应。

微波炉加热有快速、能量利用率高、被加热物体受热均匀等优点,但不能恒温,不能准确控制所需的温度。因此,只能通过试验决定所要用的功率、时间,以达到所需的加热程度。

使用方法及注意事项:
①将待加热器皿均匀地放在炉内玻璃转盘上。
②关上炉门,选择加热方式。
③金属器皿、细口瓶或密封的器皿不能放入炉内加热。
④炉内无待加热物体时,不能开机;待加热物体很少时,不能长时间开机,以免空载运行(空烧)而损坏机器。
⑤不要将炽热的器皿放在冷的转盘上,也不要将冷的带水器皿放在炽热的转盘上,以防止转盘破裂。
⑥前一批干燥物取出后,不要关闭炉门,让其冷却,5～10 min 后才能放入后一批待加热的器皿。

3.3 天平的使用

天平根据其准确度的高低可分为两类:一类称为台秤,其称量的准确度较低,用于一般的化学实验;另一类称为分析天平,其称量的准确度较高。

3.3.1 台秤的结构及其使用方法

台秤又称托盘天平或架盘天平,一般能称准到 0.1～0.5 g,最大称量有 100 g、500 g、1 000 g 数种,用于精度不高的称量。台秤的构造如图 3-5 所示。

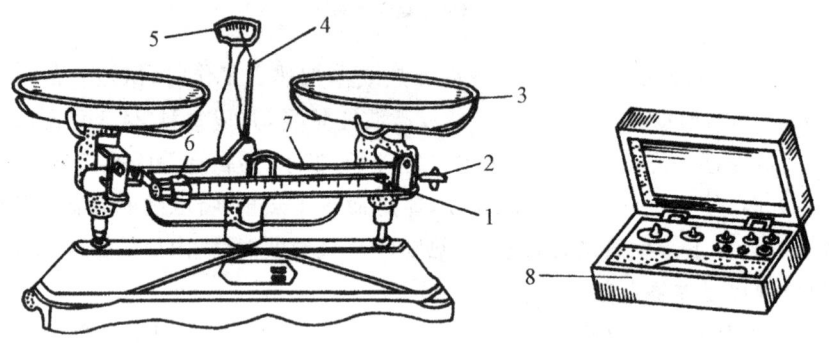

1—游码标尺;2—平衡调节螺丝;3—托盘;4—指针;5—刻度盘;6—游码;
7—横梁;8—砝码及砝码盒
图 3-5 台秤的构造

台秤在使用前应先将游码拨至刻度尺的零处,观察指针摆动情况。如果指针在标尺的左右摆动格数相等,即表示台秤处于平衡,可以使用;如果指针在标尺的左右摆动距离相差较大,则应调节平衡调节螺丝,使之平衡。

称量时,应将物品放在左盘,砝码放在右盘。加砝码时应先加大砝码再加小砝码,最后(在5 g或10 g以内)用游码调节至指针在标尺左右两边摆动的格数相等为止。台秤的砝码和游码读数之和即是被称物品的质量。记录时小数点后保留1位,如12.4 g。称毕,用镊子将砝码夹回砝码盒,游码回零。

称量药品时,应在左盘放上已经称过的洁净干燥的容器,如表面皿、烧杯等,再将药品加入容器中,然后进行称量,或者在台秤的两边放上等质量的称量纸后再称量。

称量时应注意以下几点:

①不能称量热的物品。

②化学试剂不能直接放在托盘上,而应放在称量纸上、表面皿或其他容器中。

③称量完毕,应将砝码放回砝码盒中,将游码拨到"0"位处,并将托盘放在一侧或用橡皮圈架起。

④保持台秤整洁,如不小心把药品洒在托盘上时,必须立即清除。

3.3.2 电子天平

电子天平是最新一代天平,它是利用电子装置完成电磁力补偿的调节,使物体在重力场中实现力的平衡,或通过电磁力矩的调节,使物体在重力场中实现力矩的平衡。

自动调零、自动校准、自动去皮和自动显示称量结果是电子天平最基本的功能。这里的"自动",严格地说应该是"半自动",因为需要经人工触动指令键后方可自动完成指定的动作。

1. 基本结构及称量原理

随着现代科学技术的不断发展,电子天平产品的结构设计一直在不断改进和提高,向着功能多、平衡快、体积小、质量轻和操作简便的趋势发展。但就其基本结构和称量原理而言,各种型号的电子天平都是大同小异。

常见电子天平的结构是机电结合式的,核心部分是由载荷接受与传递装置、测量及补偿控制装置两部分组成。常见电子天平的基本结构如图3-6所示。

载荷接受与传递装置由称量盘、盘支承、平行导杆等部件组成,它是接受被称物体和传递载荷的机械部件。平行导杆是由上、下两个三角形导向杆形成的空间平行四边形(从侧面看)结构,以维持称量盘在载荷改变时进行垂直运动,并可避免称量盘倾倒。

载荷测量及补偿控制装置是对载荷进行测量,并通过传感器、转换器及相应的电路进行补偿和控制的部件单元。该装置是机电结合式的,既有机械部分,又有电子部分,包括示位器、补偿线圈、电力转换器的永久磁铁,以及控制电路等部分。

电子装置能记忆加载前示位器的平衡位置。所谓自动调零就是能记忆和识别预先调定的平衡位置,并能自动保持这一位置。称量盘上载荷的任何变化都会被示位器察觉并立即向控制单元发出信号。当称盘上加载后,示位器发生位移并导致补偿线圈接通电流,线圈内就产生垂直的力,这种作用于称盘上的外力使示位器准确地回到原来的平衡位置。载荷越大,线圈中通过电流的时间越长,通过电流的时间间隔是由通过平衡位置扫描的可变增益放大器来调节的,而且这种时间间隔直接与称盘上所加载荷成正比。整个称量过

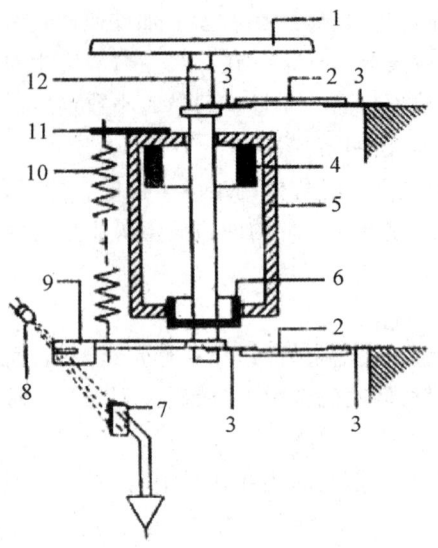

1—称量盘;2—平行导针;3—挠性支承簧片;4—线性绕组;5—永久磁铁;6—载流线圈;
7—接收二极管;8—发光二极管;9—光阑;10—预载弹簧;11—双金属片;12—盘支承

图 3-6　电子天平基本结构

程均由微处理器进行计算和调控。这样,当称盘上加载后,即接通了补偿线圈的电流,计算器就开始计算冲击脉冲,达到平衡后,就自动显示出载荷的质量值。

目前的电子天平多数为上皿式(即顶部加载式),悬盘式少见,内校式(标准砝码预装在天平内,触动校准键后由马达自动加码并进行校准)多于外校式(附带标准砝码,校准时夹到称盘上),使用非常方便。

自动校准的基本原理是:当人工给出校准指令后,天平便自动对标准砝码进行测量,而后微处理器将标准砝码的测量值与存储的理论值(标准值)进行比较,并计算出相应的修正系数,存于计算器中,直至再次进行校准时方可能改变。

2.BS 224S 型电子天平的使用方法

BS 224S 型电子天平(其外形如图 3-7 所示)是多功能、上皿式常量分析天平,感量为 0.1 mg,最大载荷为 220 g,其显示屏和控制面板如图 3-8 所示。

图 3-7　BS 224S 型电子天平外形

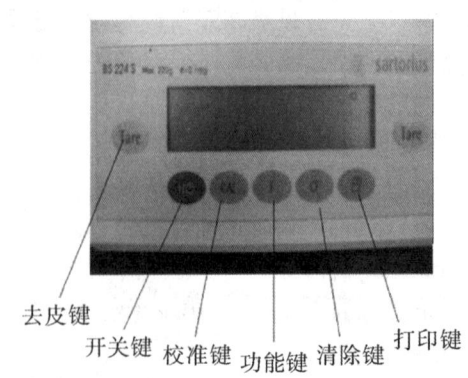

图 3-8　BS 224S 型电子天平显示屏及控制面板

一般情况下，只能用开关键、去皮键和校准键。使用时的操作步骤如下：

(1) 通电源，屏幕右上角显出一个"0"，预热 30 min 以上。

(2) 检查水平仪，如不水平，应通过调节天平前边左、右两个水平支脚而使其达到水平状态。

(3) 按一下开关键，显示屏很快出现"0.0000 g"。

(4) 如果显示不正好是"0.0000 g"，则要按一下去皮键。如果天平长时间没有用过，或天平移动位置，应进行一次校准。校准要在天平通电预热 30 min 以后进行，程序是：调整水平，按下开关键，显示稳定后如不为零则按一下去皮键，稳定地显示"0.0000 g"后，按一下"校准"键(CAL)，天平将自动进行校准。10 s 左右，"CAL"消失，表示校准完毕，应显示出"0.0000 g"。如果显示不正好为零，可按一下去皮键，然后即可进行称量。

(5) 将被称物轻轻放在称盘上，这时可见显示屏上的数字在不断变化，待数字稳定并出现质量单位"g"后，即可读数，并记录称量结果。

(6) 称量完毕，取下被称物，如果不久还要继续使用天平，可暂不按开关键，天平将自动保持零位，或者按一下开关键(但不可拔下电源插头)，让天平处于待命状态，即显示屏上数字消失，左下角出现一个"0"，再称样时按一下开关键就可使用。如果较长时间(半天以上)不再用天平，应拔下电源插头，盖上防尘罩。

3.3.3 称量方法

天平称量可采用直接称量法、固定质量称量法和差减称量法。

1. 直接称量法

先把天平零点调整好，然后将表面皿洗净干燥后称其质量，再将适当量的试样放入表面皿中，称量质量。两次质量之差即为试样重(试样倒入烧杯或其他容器时，要用蒸馏水将表面皿上的试样洗净，洗涤水并入烧杯或其他容器中)。

称量液体试样时，为防止其挥发损失，应采用安瓿瓶称量，先称安瓿瓶重，然后在酒精灯上小火加热安瓿瓶球部，去除球中空气，立即将毛细管插入液体试样中，待吸入试样后，封好毛细管口再称其质量。两次称量之差，即为试样重。

2. 固定质量称量法

固定质量称量法即称量规定质量的方法。例如，称取 0.100 0 g 样品，可在称量表面皿得到平衡点之后，改变指数盘位置，增加 100 mg 环码，然后在半开天平的情况下，在天平左盘的表面皿中间用牛角匙慢慢加入样品(图 3-9)。这时，既要注意试样抖入量，也要注意微分标牌的读数，当所加试样能在微分标尺上显示时，将天平完全打开，继续加入试样，当微分标尺正好移动到所需要的刻度时，立即停止抖入试样，在此过程中右手不要离开天平的开关旋钮，以便及时开关天平。若不慎多加了试样，应将天平关闭，再用牛角匙取出多余的试样(不要放回原试样瓶中)。称好后，用干净的小纸片衬垫取

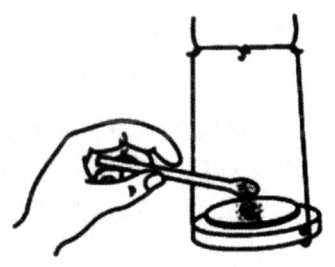

图 3-9　固定质量称量法

出表面皿,将试样全部转移到接收的容器内。试样若为可溶性盐类,可用少量蒸馏水将粘在表面皿上的粉末吹洗进容器。亦可用称量纸(俗称硫酸纸)称量,但每次倒出样品后都应称一次纸重,以防纸上有残留物而改变称量纸的质量。

上述两种称量方法适用于不吸湿、在空气中不发生变化的物质的称量。

3. 差减称量法

又称减量法,此法用于称量一定质量范围的样品或试剂。在称量过程中样品易吸水、易氧化或易与 CO_2 等反应时,可选择此法。由于称取试样的质量是由两次称量之差求得,故也称差减法。

称量步骤如下:从干燥器中用纸带(或纸片)夹住称量瓶后取出称量瓶(注意:不要让手指直接触及称量瓶和瓶盖),用纸片夹住称量瓶盖柄(图 3-10),打开瓶盖,用牛角匙加入适量试样(一般为称一份试样的整数倍),盖上瓶盖。称出称量瓶加试样后的准确质量。将称量瓶从天平上取出,在接收容器的上方倾斜瓶身,用称量瓶盖轻敲瓶口上部使试样慢慢落入容器中,瓶盖始终不要离开接收器上方。当倾出的试样接近所需量(可从体积上估计或试重得知)时,一边继续用瓶盖轻敲瓶口,一边逐渐将瓶身竖直,使黏附在瓶口上的试样落回称量瓶,然后盖好瓶盖,准确称其质量。两次质量之差,即为试样的质量。按上述方法连续递减,可称量多份试样。有时一次很难得到合乎质量范围要求的试样,可重复上述称量操作 1～2 次。

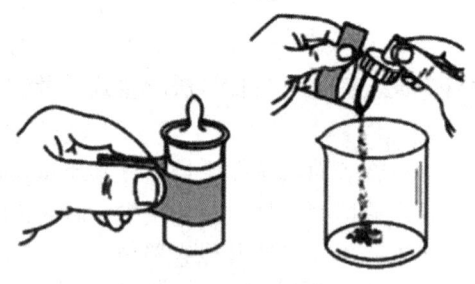

图 3-10　差减称量法

3.4　常见度量仪器的使用

实验室中常用于度量液体体积的量器有量筒、吸量管、滴定管、容量瓶和移液管等。能否正确使用这些量器,直接影响到实验结果的准确度。因此,必须了解各种量器的特点、性能,掌握正确的使用方法。

3.4.1　量筒

量筒为量出容器,即倒出液体的体积为所量取的溶液体积。量筒是化学实验中最常用的度量液体体积的仪器,见表 2-3。其规格有 5 mL、10 mL、50 mL、100 mL、500 mL 等数种,可根据不同需要选择使用。例如需要量取 8.0 mL 液体时,为了提高测量的准确度,应选用 10 mL 量筒(测量误差±0.1 mL)。如果选用 100 mL 量筒量取 8.0 mL 液体,则至少有±1 mL 的误差。使用时,把要量取的液体注入量筒中,手拿量筒的上部,让量筒竖直,使量筒内液体凹面的最低处与视线保持水平(图 3-11),然后读出量筒上所对应的刻度,即得液体的体积。倾倒完毕后要停留一会,使液体全部流出。

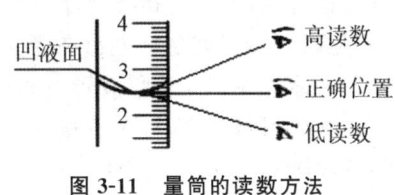

图 3-11 量筒的读数方法

3.4.2 移液管

移液管是精确量取一定体积液体的仪器,为量出容器。移液管的种类很多,通常分为无分度移液管和分度移液管两类,见表 2-3。无分度移液管的中腰膨大,上、下两端细长,上端刻有环形标线,膨大部分标有其容积和标定时的温度(一般温度为 20 ℃)。使用时将溶液吸入管内,使液面与标线相切,再放出,则放出的溶液体积就等于管上标示的容积。常用无分度移液管的容积有 5 mL、10 mL、25 mL 和 50 mL 等多种。由于读数部分管颈小,其准确度较高。其缺点是只能用于量取一定体积的溶液。另一种是带有分度的移液管,可以准确量取所需要的刻度范围内某一体积的溶液,但其准确度差一些。容积有 0.5 mL、1 mL、2 mL、5 mL、10 mL 等多种,这种有分度的移液管也称为吸量管。

移液管在使用前,先用自来水洗至内壁不挂水珠(若内壁有水珠,需用洗液洗涤后,再用自来水冲洗至内壁不挂水珠),再用蒸馏水洗涤 2~3 遍。洗涤方法如下:用烧杯盛水,用右手拿移液管或吸量管上端合适位置,食指靠近管上口,中指和无名指张开握住移液管外侧,拇指在中指和无名指中间位置握移液管内侧,小指自然放松;左手拿洗耳球,捏紧洗耳球,排出球内空气,将洗耳球尖口插入或紧接在移液管(吸量管)上口,注意不能漏气。慢慢松开左手手指,将水或洗涤液慢慢吸入管内至管容积的一半左右,移开洗耳球,迅速用右手食指堵住移液管(吸量管)上口,取出后把管横放,左手扶住管的下端,慢慢开启右手食指,一边转动移液管,一边使管口降低,让溶液布满全管进行洗涤,然后直立移液管,将管内溶液放出。注意:如是铬酸洗液应将洗涤液放回原瓶,并用自来水冲洗移液管(吸量管)内、外壁至不挂水珠,再用蒸馏水洗涤 3 次,控干水备用。

移取试液前,先用滤纸擦去移液管外的水,再用少量被移取的溶液洗涤 2~3 次,方法同上述水洗操作,以保持转移的溶液浓度不变。

移取溶液时,把管插入溶液液面下约 1.5 cm 处,不应伸入太多(注意:绝不能让移液管下部尖嘴接触容器底部,以免尖嘴损坏),以免外壁沾有溶液过多;也不应伸入太少,以免液面下降时吸入空气。一般用右手的拇指和中指捏住移液管的标线上方,用左手持洗耳球,先把洗耳球内空气压出,然后把洗耳球的尖端压在移液管上口,慢慢松开左手使溶液吸入管内,当液面升高到刻度以上时移去洗耳球,立即用右手的食指按住管口。将移液管提离液面,使管尖端靠着贮瓶内壁,略微放松食指并用拇指和中指轻轻转动移液管,让溶液慢慢流出。当液面平稳下降至凹液面最低点与标线相切时，立即用食指压紧管口。取出移液管，移入准备接受液体的容器中，使移液管尖端紧靠容器内壁，容器倾斜而移液管保持直立，放开食指让液体自然下流，待移液管内液体全部流出后，停 15 s 再移开移液管，见图 3-12。切勿把残留在管尖的液体吹出，因为在校正移液管时，已经考虑了尖端所保留液体的体积。若移液管上面标有"吹"字，则应将留在管端的液体吹出。

在使用吸量管时，为了减少测量误差，每次都应以最上面刻度（0 刻度）处为起始点，往下放出所需体积的溶液，而不是需要多少体积就吸取多少体积。

移液管用毕应洗净，放在移液管架上。

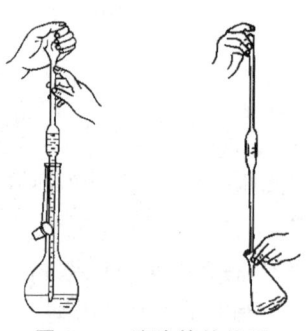

图 3-12 移液管的使用

3.4.3 容量瓶

容量瓶是一种细颈梨形的平底瓶，带有磨口玻璃塞或塑料塞。瓶颈上刻有标线，瓶上标有其体积和标定时的温度。在标定温度下，当液体充满到标线位置时，所容纳的溶液体积等于容量瓶上标示的体积，即容量瓶为量入容器。容量瓶主要用来配制标准溶液，或稀释一定量溶液到一定的体积。通常有 10 mL、25 mL、50 mL、100 mL、250 mL、500 mL、1 000 mL 等规格。

容量瓶在使用前要检查是否漏水，标线的位置是否离瓶口太近。检漏的方法是容量瓶加水至标线附近，塞上塞子，用滤纸擦干瓶口。左手捏住瓶颈上端，左手食指按住瓶塞，右手三指（大、中、食）指头托住瓶底边缘（图 3-13），倒置容量瓶 2 min，用滤纸检测是否有漏水现象，若不漏水，将容量瓶直立，将瓶塞旋转 180°，再检查一次，如不漏水，即可使用。

容量瓶应洗干净后使用，先用自来水洗几次，若内壁不挂水珠，即可用蒸馏水洗好备用。若用水洗不干净，则必须用洗液洗涤。先控净容量瓶内的水，倒入适量洗液，倾斜转动容量瓶，使洗液布满内壁，再将洗液慢慢倒回原瓶。然后用自来水充分洗涤，最后用蒸馏水洗 3 遍。

用固体配制溶液时，称量后先在小烧杯中加入少量水把固体溶解（必要时可加热），待冷却到室温后，将杯中的溶液沿玻璃棒小心地注入容量瓶中（图 3-13 所示），烧杯中溶液全部转移后，将玻璃棒和烧杯稍微向上提起，而后将烧杯轻轻沿玻璃棒上提，使附在玻璃棒、烧杯嘴之间的溶液回流到烧杯中（切不可将烧杯随意拿开，以免有液滴从烧杯嘴外边流下而损失),使烧杯直立,将玻璃棒放回烧杯中。再从洗瓶中挤出少量水淋洗玻璃棒及烧杯2~3次,并将每次淋洗液按上述方法转移至容量瓶中,再加水稀释(注意:先用水将容量瓶瓶颈附近的浓溶液冲下)。当溶液达到容量瓶容积的2/3时,将容量瓶沿水平方向摇转几周(勿倒转),使溶液大体混匀。然后,把容量瓶平放在桌子上,慢慢加水到距标线2~3 cm处,等待1~2 min,使黏附在瓶颈内壁的溶液流下。用胶头滴管伸入瓶颈从标线以上约1 cm处沿内壁缓慢加水,眼睛平视标线,加水至溶液凹液面底部与标线相切,立即盖好瓶塞,用一手食指顶住瓶塞,另一只手的手指托住瓶底,注意不要用手掌握住瓶身,以免体温使液体膨胀,影响容积的准确度(对于容积小于100 mL的容量瓶,不必托住瓶底)。随后将容量瓶倒转,使气泡上升到顶,此时可将瓶振荡数次。再倒转过来,仍使气泡上升到顶。如此反复10次以上,以保证瓶内溶液浓度上下各部分均匀(图3-13)。

长期使用的溶液不要放置于容量瓶内,而应转移到洁净干燥或经该溶液润洗过的试剂瓶中保存。

容量瓶是磨口瓶,瓶塞不能混用,一般可以用橡皮筋系在瓶颈上,避免沾污、打碎或丢失。容量瓶用后要立即用水冲洗干净,长期不用时,瓶口应垫上纸片以隔开磨口部分。

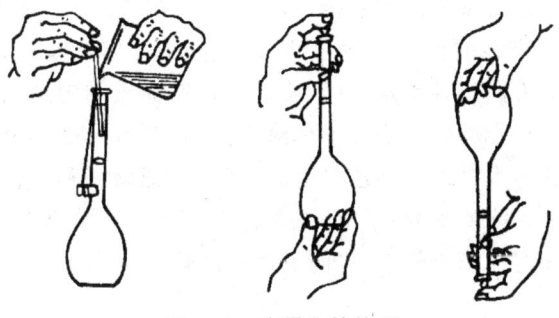

图3-13 容量瓶的使用

3.4.4 滴定管

滴定管是滴定时用来准确测量流出液体体积的量器,分酸式和碱式两种(图3-14)。

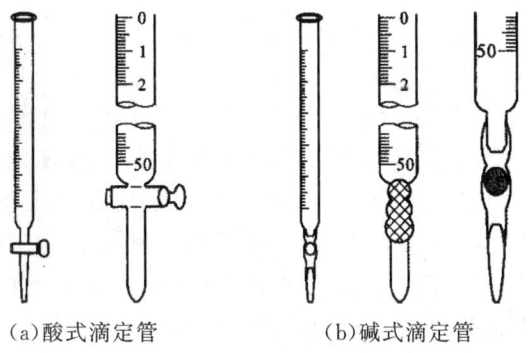

(a)酸式滴定管　　(b)碱式滴定管

图3-14 滴定管

1. 滴定管的结构、分类

酸式滴定管是一种准确测量流出液体体积的量器，见图 3-14(a)。它是具有精确刻度、内径均匀的细长玻璃管，其下端有一玻璃旋塞(如何保护?)，开启旋塞滴定液即自管内滴出。酸式滴定管通常用来装酸性溶液或氧化性溶液，但不适用于装碱性溶液(为什么?)。

常量分析的滴定管容积一般有 50 mL 和 25 mL 两种，其最小刻度为 0.1 mL，最小刻度间可估计到 0.01 mL，一般读数误差为 ±0.01 mL。50 mL 酸式滴定管的上端是 0.00 mL，下端是 50.00 mL。另外，还有容积为 10 mL、5 mL、2 mL 的微量滴定管。

2. 酸式滴定管的操作技能

(1) 检漏方法

检查滴定管是否漏水时，关闭旋塞，将管内充满水，夹在滴定管夹上，观察管口及活塞两端是否有水渗出，将活塞旋转 180°再观察一次，无漏水现象即可使用，若漏水则重新涂油。

(2) 涂油技能

酸式滴定管在使用前，应检查活塞旋转是否灵活，如不合要求，旋塞应重新涂油。旋塞涂油起密封和润滑作用，最常用的油是凡士林。涂油的方法是将滴定管平放在台面上，抽出旋塞，用滤纸将旋塞及塞槽内的水擦干，用手指蘸少许凡士林在旋塞的两端涂上薄薄的一层(图 3-15)，在旋塞孔的两旁少涂一些，以免凡士林堵住塞孔。涂好凡士林的旋塞插入旋塞槽内，沿同一方向旋转旋塞，直到旋塞部位的油膜均匀透明，见图 3-15。如发现转动不灵活或旋塞上出现纹路，表明凡士林涂得不够；若有凡士林从旋塞缝挤出，或旋塞孔被堵，表示凡士林涂得太多。遇到这些情况，都必须把旋塞和塞槽擦干净后重新处理。在涂油过程中，滴定管始终要平放、平拿，不要直立，以免擦干的塞槽又沾湿。涂好凡士林后，用橡皮筋把旋塞固定在滴定管上，以防活塞脱落破损。

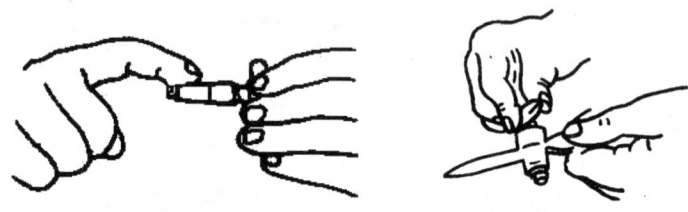

图 3-15　旋塞涂油

(3) 洗涤

滴定管在使用前先用自来水洗，然后用少量蒸馏水在管内转动淋洗 2~3 次。洗净的滴定管内壁应不挂水珠。如挂水珠则说明有油污，需用洗涤剂刷洗，或用洗液洗涤。洗液洗酸式滴定管时，关闭旋塞，加入洗液，两手分别拿住管上下部无刻度的地方，边转动边使管口倾斜，让洗液布满全管内壁，然后竖起滴定管，打开旋塞，让洗液从下端尖嘴放回原洗液瓶中。停一段时间后，用自来水洗至流出液无色，再用少量蒸馏水润洗 2~3 次。润洗时应将管子倾斜转动，使水润湿整个内壁，然后直立，从管尖放出。润洗后管内应不挂水珠。

(4)润洗、装液、排气泡

为了避免管中的水稀释标准溶液,应用少量标准溶液(约 10 mL)润洗滴定管 2～3 次。润洗的操作要求是:先关好旋塞,倒入溶液,两手平端滴定管,即右手拿住滴定管上端无刻度部位,左手拿住旋塞无刻度部位,边转边向管口倾斜,使溶液流遍全管,然后打开滴定管的旋塞,使标准溶液由下端流出。润洗之后,随即装入溶液。向滴定管装入标准溶液时,宜由贮液瓶直接倒入,不宜借助其他器皿,以免标准溶液浓度改变而引起误差。装满溶液的滴定管,应检查其尖端部分有无气泡,如有气泡必须排出。酸式滴定管可迅速地旋转活塞,使溶液快速流出,将气泡带走。若该法不能将气泡排出,需将酸式滴定管倾斜一定角度,打开旋塞,并用手指轻轻敲击旋塞处,至气泡排出为止。

(5)旋塞的控制方法及滴定速度

使用酸式滴定管滴定时,一般用左手控制活塞,将滴定管卡于左手虎口处,用拇指与食指、中指转动活塞,如图 3-16 所示。旋转活塞时要轻轻向手心用力,以免活塞松动而漏液。在滴定时,滴定管嘴伸入瓶口约 1 cm(图 3-17),边滴边摇动锥形瓶(利用手腕的转动,使锥形瓶按顺时针方向运动),滴定的速度不能太快(不快于 4 滴/s),否则易超过终点。滴定过程中,要注意观察液滴落点周围溶液颜色的变化,以便控制溶液的滴速。一般在滴定开始时,可以采用滴速较快的连续式滴加(溶液不能成线流下)。接近终点时,则应逐滴滴入,每滴一滴都要将溶液摇匀,并注意观察终点颜色的突变。由于滴定过程中溶液因锥形瓶旋转搅动会附到锥形瓶内壁的上部,故在接近终点时,要用洗瓶吹出少量蒸馏水冲洗锥形瓶内壁,然后继续滴定。在快到终点时溶液应逐滴(甚至半滴)滴下。滴加半滴的方法是:使液滴悬挂管尖而不让液滴自由滴下,再用锥形瓶内壁将液滴擦下,然后用洗瓶吹入少量水,将内壁附着的溶液冲下去。摇匀,如此重复,直至终点为止。

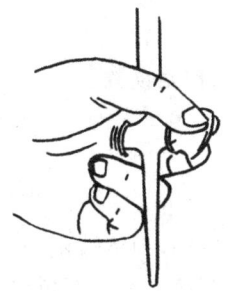 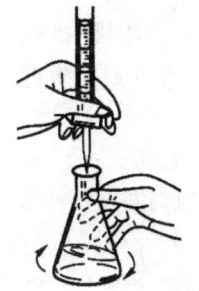

图 3-16　旋转活塞的方法　　　图 3-17　酸式滴定管的操作

滴定操作常在锥形瓶中进行,也可在烧杯中进行(需用玻璃棒搅拌)。滴定时所用操作液的体积应不超过滴定管的容量,因为多装一次溶液就要多读一次读数,从而使误差增大。

(6)读数

滴定管液面位置的准确读出,需掌握好两点:一是读数时滴定管要保持垂直,通常可将滴定管从滴定管夹取下,用右手拇指和食指拿住管身上部无刻度的地方,让其自然下垂时读数;二是读数时,眼睛的视线应与液面处于同一水平线上,然后读取与弯月面相切的刻度,见图 3-18(a)。读数时对无色或浅色溶液应读出滴定管内液面弯月面最低处的位置,对深色溶液(如高锰酸钾溶液、碘液),由于弯月面不清晰,可读取液面最高点的位置,见图

3-18(a)。读数应估计到小数点后面第二位数。为帮助读数,可使用读数衬卡,它是用贴有黑纸条或涂有黑色长方形(约 3 cm×1.5 cm)的白纸制成。读数时,手持读数衬卡放在滴定管背后,使黑色部分在弯月面下约 1 mm 处,此时弯月面反射成黑色,读此黑色弯月面的最低点即可,见图 3-18(b)。此外还应注意,读数时要待液面稳定不再变化后再读(装液或放液后,必须静置 30 s 后再读数);同时滴定管尖嘴处不应留有液滴,尖管内不应留有气泡。

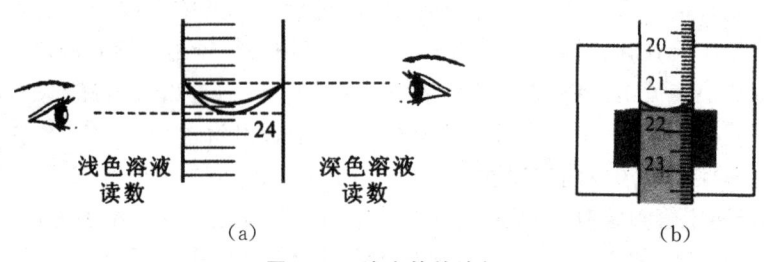

图 3-18 滴定管的读数

(7)滴定结束后滴定管的处理

滴定结束后,将管内剩余滴定液倒入废液桶或回收瓶(注意:不能倒回原试剂瓶),然后用水洗净滴定管。如还继续使用,则可将滴定管垂夹在滴定管夹上,下嘴口伸入锥形瓶内,并用滴定管帽盖住管口,或将滴定管倒置后夹于滴定台上。如滴定完后不再使用,则洗净后应在酸式滴定管旋塞与塞槽之间夹一纸片(为什么?),然后保存备用。

3.酸式滴定管的使用步骤

(1)检查酸式滴定管的活塞是否转动灵活。

(2)检查旋塞是否漏水。

(3)洗涤酸式滴定管。

(4)润洗,装标准溶液,排气泡。

(5)调节液面在 0 刻度附近(在 0 刻度以下),读取初始读数。

(6)滴定。

(7)读取终点读数。

4.滴定终点的判断

在滴定分析中,化学反应的计量点是用指示剂确定的,当溶液由一种颜色突变到另一种颜色时,就称为滴定终点。也就是说在滴定终点前溶液是一种颜色,当我们用肉眼观察到溶液的颜色刚好由这种颜色转变为另一种颜色时,即颜色发生了突变,就是滴定终点。在滴定的时候,在滴加的溶液液滴的周围,一般会出现终点后指示剂所表现的颜色。在滴定的起始阶段,这种颜色的消失比较快,当这种颜色消失比较缓慢的时候,就可以判断接近滴定终点了,滴定速度就应该减慢,每加一滴都应该观察一下颜色的变化,然后再加第二滴,必要时应半滴半滴地加入,以防滴定过量。

甲基橙指示剂的 pH 变色范围为 3.1~4.4,即 pH≤3.1 时,溶液为红色;pH≥4.4 时,溶液为黄色;pH 在 3.1~4.4 之间时,溶液为过渡颜色橙色。若用 0.1 mol·L^{-1} HCl 溶液滴定 20 mL 0.1 mol·L^{-1} NaOH 溶液,化学计量点的 pH 为 7.0,其滴定突跃范围为 9.7~4.3,因此,使用甲基橙指示剂时,其滴定终点为溶液刚好由黄色转变为橙色。

5.碱式滴定管的操作技能

(1)碱式滴定管的检漏方法

碱式滴定管下端的乳胶管很容易老化,因此,在使用时也要检查其是否漏液。检查碱式滴定管是否漏液时,将滴定管内充满水,并固定在滴定管夹上,观察乳胶管和下边尖嘴是否有水渗出,无漏水现象即可使用。若漏液,则需更换乳胶管。乳胶管的长度一般为6 cm,内径与玻璃珠的大小要适中,内径太大,容易漏溶液;内径太小,控制滴定操作比较困难。装玻璃珠时应先用水将其润湿,再挤压进乳胶管中部。然后在乳胶管的一端装上尖嘴,另一端套在碱式滴定管的下口部,并检查滴定管是否漏水,液滴是否能灵活控制。如不合要求,需重新装配。

(2)碱式滴定管的洗涤方法

碱式滴定管的洗涤方法和酸式滴定管一样,如洗涤后内壁挂水珠则说明有油污,需用洗涤剂刷洗,或用洗液洗涤。用洗涤液洗碱式滴定管时,先取去下端的乳胶管和尖嘴玻管,接上一小段塞有玻棒的橡胶管,然后按洗酸式滴定管的方法洗涤。必要时,也可在滴定管内加满洗液,浸泡一段时间,这样效果会更好。洗液洗完后,用自来水冲洗,直至流出的水为无色且管内壁不挂水珠,再接上乳胶管和尖嘴玻管,然后用蒸馏水淋洗2~3次。

(3)碱式滴定管的润洗、装液、排气泡

碱式滴定管润洗和装液要求与酸式滴定管一样。装满溶液的碱式滴定管,应检查其乳胶管及尖端部分有无气泡,如有气泡必须排出。排气泡时可将乳胶管稍向上弯曲,挤压玻璃球,使溶液从玻璃球和橡皮管之间的隙缝中流出,气泡即被逐出,如图3-19所示。然后将多余的溶液滴出,使管内液面处在"0.00"刻度线(或0.00刻度线稍下附近处)。

(4)碱式滴定管的滴定操作

使用碱式滴定管时左手拇指在前,食指在后,捏住乳胶管中的玻璃球所在部位稍上处,向手心捏挤乳胶管,使其与玻璃球之间形成一条缝隙,溶液即可流出,见图3-20。应注意,不能捏挤玻璃球下方的乳胶管,否则易进入空气形成气泡。为防止乳胶管来回摆动,可用中指和无名指夹住尖嘴的上部。滴定操作及速度的控制与酸式滴定管的要求相同。若在烧杯中进行滴定,需用玻璃棒搅拌。对于滴定碘法,则需要在碘量瓶中进行反应和滴定。碘量瓶是带有磨口玻璃塞与喇叭形瓶口之间形成一圈水槽的锥形瓶,见表2-3。槽中加入纯水可形成水封,防止瓶中被测组分(如I_2、Br_2等)的挥发损失。反应完成后,打开瓶塞,水即流下并可冲洗瓶塞和瓶壁。

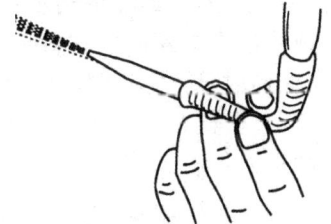

图3-19 碱式滴定管排气泡方法

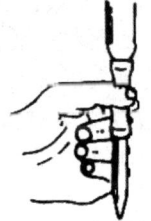

图3-20 碱式滴定管操作

(5)读数与滴定结束后滴定管的处理

处理方法与酸式滴定管相同。

6. 碱式滴定管的使用步骤

(1)检查碱式滴定管的玻璃珠是否能灵活控制液滴及碱式滴定管是否漏水。
(2)洗涤碱式滴定管。
(3)润洗,装标准溶液,排气泡。
(4)调节液面在 0 刻度附近(在 0 刻度以下),读取初始读数。
(5)滴定。
(6)读取终点读数。

7. 酚酞指示剂终点的判断

酚酞指示的 pH 变色范围为 8.0～10.0,即 pH≤8.0 时,溶液为无色;pH≥10.0 时,溶液为红色;pH 在 8.0～10.0 之间时,溶液为微红色。若用 0.1 mol·L^{-1}NaOH 溶液滴定 20 mL 0.1 mol·L^{-1}HCl 溶液,化学计量点的 pH 为 7.0,其滴定突跃范围为 4.3～9.7,因此,使用酚酞指示剂时,其滴定终点为溶液刚好由无色转变为微红色,该红色愈浅,终点误差愈小。由于空气中含有 CO_2,其溶解于水后能够使酚酞的红色变浅,因此,滴定到终点时,在不断摇动的条件下,微红色若能保持 30 s 不消失,即为滴定终点。

3.5 试剂的取用

3.5.1 固体试剂的取用

固体试剂一般用药勺取用,其材质有牛角、塑料和不锈钢等。药勺两端有大小两个勺,取用大量固体时用大勺,取用少量固体时用小勺。药勺要保持干燥、洁净,最好专勺专用。取用固体试剂时,先将试剂瓶盖取下,倒放在实验台上,试剂取用后,要立即盖上瓶盖,并将试剂瓶放回原处,标签向外。

取用一定量固体时,可将固体放在称量纸上(不能放在滤纸上)或表面皿上,根据要求在台秤或天平上称量。具有腐蚀性或易潮解的固体不能放在称量纸上,应放在玻璃容器内进行称量。称量后多余的试剂不能放回原瓶,以防污染原试剂。

往试管(特别是湿试管)中加入固体试剂时,可先将盛有药品的药匙伸进试管适当深处,见图 3-21,然后再将试管及药匙慢慢竖起。或将取出的药品放在对折的纸片上,再按上述方法将药品放入试管,见图 3-22。加入块状固体时,应将试管倾斜,使其沿管壁慢慢滑下,见图 3-23,以免碰破试管底部。固体颗粒较大时应在干燥的研钵中研磨成小颗粒或粉末状,研钵中所盛固体量不得超过研钵容量的 1/3。

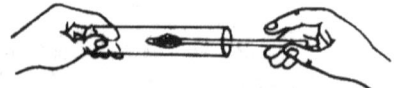
图 3-21 用药匙将固体试剂加入试管

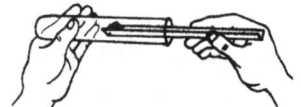
图 3-22 用对折纸将固体试剂加入试管

图 3-23 块状固体沿试管壁慢慢滑下

3.5.2 液体试剂的取用

从细口瓶取用液体试剂时,取下瓶盖把它倒放在实验台上,左手拿住容器(如试管、量筒等),右手握住试剂瓶,掌心对着试剂瓶上的标签,倒出所需量的试剂。倒完后,应该将试剂瓶口在容器上靠一下,再将瓶子慢慢竖起,以免液滴沿外壁流下,见图 3-24(a)。

将液体从试剂瓶中倒入烧杯时,右手握住试剂瓶,左手拿玻璃棒,使棒的下端斜靠在烧杯内壁上,将瓶口靠在玻璃棒上,使液体沿着玻璃棒流下,见图 3-24(b)。

从滴瓶中取少量试剂时,提起滴管,使管口离开液面,用手指轻捏滴管上部的橡皮头排去空气,再把滴管伸入试剂瓶中,吸取试剂。往试管中滴加试剂时,只能把滴管尖头垂直放在管口上方滴加,如图 3-24(c)所示,严禁将滴管伸入试管中。滴完后,应将滴管中剩余的试剂挤回原滴瓶,然后放松胶头滴管,插回原滴瓶,切勿插错。一个滴瓶上的滴管不能用来移取其他试剂中的试剂,也不能用自己的吸管伸入试剂瓶吸取试液,以免污染试剂。吸有试剂的滴管必须保持橡皮胶头在上,不能平放、斜放,更不能放在桌面上或胶头向下倒置,以防滴管中试剂流入胶头而使橡皮胶头腐蚀、损坏。

  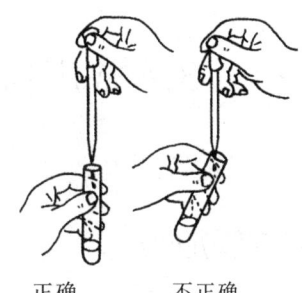

(a)往试管中倒液体试剂　　(b)往烧杯中倒液体试剂　　(c)往试管中滴加液体试剂

图 3-24 试剂的取用方法

从滴瓶取用液体试剂时,有时要估计其取用量,此时可通过计算滴下的滴数来估计,一般滴出 20~25 滴为 1 mL。若需准确取液体试剂,则需用移液管移取液体试剂,并按移液管的使用方法进行操作。

3.6 干燥器的使用方法

干燥器又称保干器。它的结构如图 3-25 所示,为一具有磨口盖子的厚质玻璃器皿,磨口上涂有一薄层凡士林,使其更好地密合。底部放适当的干燥剂,其上架有洁净的带孔瓷板,以便放置坩埚、称量瓶等盛有被保干物质的容器。干燥器用以防止被干燥的物质在空气中受潮。化学分析中常用于保存基准物质。开启干燥器时,应左手按住干燥器的下部,右手握住盖的圆顶,向前小心地平推,便可打开盖子,盖子必须仰面放稳。搬动干燥器时,应用两手同时拿着干燥器和盖子的沿口,如图 3-26 所示。

图 3-25　干燥器的开启与关闭

图 3-26　干燥器的搬移

灼热的物体放入干燥器前,应先在空气中冷却 30~60 s。放入干燥器后,为防止干燥器内空气膨胀将盖子顶落,反复将盖子推开一道细缝,让热空气逸出,直至不再有热空气排出后再盖严盖子(若盖上盖子较早,停一段时间则无法打开干燥器,为什么?)。

3.7 常用器皿的加热方法及注意事项

3.7.1 试管加热

(1)液体和固体均可在试管中加热,但样品体积一般不得超过试管高度的 1/3。若固体为块状或粒状,应先研细,并在试管内铺平,而不要堆积于试管底部。

(2)加热试管时可用试管夹夹在试管口 1/3 处加热。若长时间加热,可将试管用铁夹固定起来后再加热。加热液体时,试管应与实验台面保持 40°~60°倾斜角(为什么?);对固体加热,试管必须稍微向下倾斜(为什么?)。如图 3-27 所示。

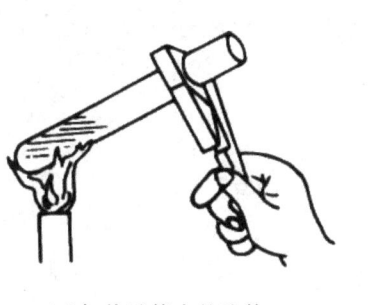
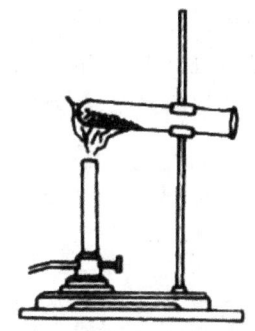

（a）加热试管中的液体　　　　　　（b）加热试管中的固体

图 3-27　加热试管的方法

（3）加热时火焰必须从试管内容物的上部反复向下慢慢移动（尤其是液体），不能一开始就在底部固定一个地方加热。不要把试管底部及液面以下部分用火全部包住，否则液面上下由于温差很大会引起在试管液面位置爆裂。加热液体时试管还要不时地摇动，以使受热均匀，避免局部过热爆沸而导致液体迸溅。

（4）加热时，试管口不能对着别人或自己（为什么？）。

3.7.2　蒸发皿、坩埚的加热

（1）蒸发皿可用"直接火"加热，但必须先移动火焰均匀地将蒸发皿预热，然后才能把火焰固定下来。

（2）坩埚一般放在泥三角上加热，加热过程中若要移动坩埚，必须用预热过的坩埚钳。加热后的坩埚必须在泥三角上放冷后才可取下来。

（3）坩埚钳不用时钳口需向上放置。

（4）加热坩埚时，必须使用外火焰（无色或浅蓝色）加热，以免坩埚外表积炭变黑。

3.7.3　烧杯和烧瓶的加热

（1）烧杯和各种烧瓶必须垫着石棉网加热。

（2）各种烧瓶加热时都必须在铁架台上用铁夹将其上部固定起来（锥形瓶除外）。

（3）固体药品不能在烧杯和烧瓶中加热。

3.7.4　一般注意事项

（1）有刻度的仪器、试剂瓶、广口瓶、抽滤瓶等各种容量器及表面玻璃等不准加热。

（2）加热前器皿外部必须干净，不能有水滴或其他污物，刚刚加热过的容器不能马上放在桌面或其他温度较低的地方（为什么？）。

（3）加热液体过程中，若有沉淀存在，必须不断搅拌。看守加热仪器时，不得离开现场。

(4)加热液体时,其体积不能超过容器主要部分高度的2/3。
(5)加热液体过程中,不能直接向液体俯视,以免迸溅等意外情况发生。
(6)加热时要远离易燃、易爆物。

3.8 固液分离

在化学反应中,如果生成的物质不溶于水或在水中的溶解度很小,我们就会看到有沉淀生成。沉淀的类型一般有两种:晶形沉淀和无定形沉淀。晶形沉淀的颗粒比较大,易沉淀于容器的底部,便于观察和分离;无定形沉淀的颗粒比较小,不容易沉降到容器的底部,当沉淀的量比较少时,不便于观察,此时溶液呈浑浊现象,分离时也比较困难。沉淀颗粒的大小取决于生成物的本性和沉淀的条件。固液分离在化学实验中具有重要的地位。沉淀的分离方法一般有三种,即倾泻法、过滤法和离心分离法。

3.8.1 倾泻法

当沉淀的颗粒较大或相对密度较大时,静止后容易沉降至容器底部,可用倾泻法进行分离或洗涤。

倾泻法是将沉淀上部的清液缓慢地倾入另一容器中,即可使沉淀物和溶液分离。其操作方法如图3-28所示。如需要洗涤时,可在转移完清液后,加入少量洗涤剂充分搅拌,待沉淀沉降后再用倾泻法倾去清液,重复此操作2~3次,即能将沉淀洗净。

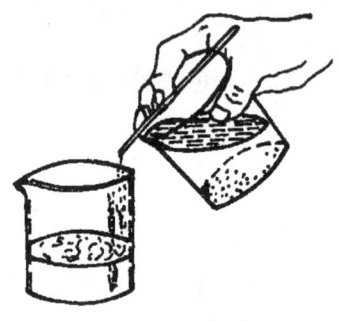

图3-28 倾泻法

3.8.2 过滤法

过滤法是固液分离最常用的方法。过滤时,沉淀在过滤器内,而溶液则通过过滤器进入容器中,所得到的溶液称为滤液。

过滤方法有常压过滤、减压过滤和热过滤三种。

1.常压过滤

在常压下用普通漏斗过滤的方法称为常压过滤法。其所用的仪器主要是漏斗、滤纸和漏斗架(也可用带有铁圈的铁架台代替)。当沉淀物为胶体或微细的晶体时,用此法过滤较好。缺点是过滤速度较慢。过滤前,由漏斗的大小选用滤纸的大小。

(1)漏斗的选择

通常分为长颈漏斗和短颈漏斗两种。在热过滤时,必须用短颈漏斗;在重量分析时,一般用长颈漏斗。普通漏斗的规格按内径划分,常用的有 30 mm、40 mm、60 mm、100 mm、120 mm 等几种。过滤前,按固体物料的多少选择合适的漏斗。

若滤液对滤纸有腐蚀作用,则需用烧结过滤器过滤,如过滤高锰酸钾溶液,则需用玻璃漏斗。烧结过滤器是一类由颗粒状的玻璃、石英、陶瓷或金属等经高温烧结并具有微孔的过滤器。最常用的是玻璃滤器,它的底部是用玻璃砂在 873 K 拍打结成的多孔片,又称为玻璃砂芯漏斗,见表 2-3。根据烧结玻璃孔径的大小,玻璃漏斗分为 6 种规格,见表 3-1。

表 3-1 玻璃漏斗的规格及用途

滤片号	孔径/μm	用 途
1	80~120	过滤粗颗粒沉淀
2	40~80	过滤较粗颗粒沉淀
3	15~40	过滤一般结晶沉淀
4	6~15	过滤细颗粒沉淀
5	2~5	过滤极细颗粒沉淀
6	<2	过滤细菌

新的玻璃漏斗使用前需要经酸洗、抽滤、水洗及抽滤经烘干后使用。过滤时常配合抽滤瓶使用。玻璃漏斗用过后需及时洗涤,洗涤时需选择能溶解沉淀的洗涤剂或试剂。注意:玻璃漏斗一般不宜过滤较浓的碱性溶液、热 H_3PO_4 和 HF 酸溶液,也不宜过滤能堵塞砂芯漏斗的浆状沉淀。重量分析中玻璃漏斗常作坩埚使用。

(2)滤纸的选择

滤纸按孔隙大小分为快速、中速和慢速三种;按直径大小分为 7 cm、9 cm、11 cm 等几种。应根据沉淀的性质选择滤纸的类型,如 $BaSO_4$ 细晶形沉淀,应选用慢速滤纸;NH_4MgPO_4 粗晶形沉淀,宜选用中速滤纸;$Fe_2O_3 \cdot nH_2O$ 为胶状沉淀,需选用快速滤纸。根据沉淀量的多少选择滤纸的大小,一般要求沉淀的总体积不得超过滤纸锥体高度的 1/3。滤纸的大小还应与漏斗的大小相适应,一般滤纸上沿应低于漏斗上沿 0.5~1.0 cm。

(3)滤纸的折叠

圆形滤纸(图 3-29)两次对折(正方形滤纸对折两次,并剪成扇形),拨开一层即折成圆锥形(一边三层,另一边一层),放于漏斗内。为保证滤纸与漏斗密合,第二次对折时不要折死,先把圆锥形滤纸拨开,放入洁净且干燥的 60°角的漏斗中,如果上边缘不十分密合,可以稍稍改变滤纸的折叠角度,直到与漏斗密合为止,此时才把第二次的折边折死。为保证滤纸与漏斗之间在贴紧后无空隙,可在三层滤纸的那一边将外层撕去一小角,保存在洁净干燥的表面皿上,留着以后必要时擦拭烧杯口外或漏斗壁上的少量沉淀。用食指把滤纸紧贴在漏斗内壁上,用少量水润湿滤纸,再用食指或玻璃棒轻压滤纸四周,挤出滤纸与漏斗间的气泡,使滤纸紧贴在漏斗壁上,见图 3-29。若漏斗与滤纸之间有气泡,则在过滤时不能形成水柱而影响过滤速度。加蒸馏水至滤纸边缘,漏斗颈中会自然充满水形成水柱。形成水柱的漏斗,可借助水柱的重力抽吸漏斗内的液体,使过滤速度加快。如漏斗颈内没形成水柱,可用手指堵住漏斗下口,稍掀起滤纸的一边,用洗瓶向滤纸与漏斗之间的空隙里加水,使漏斗颈和椎体的大部分被水充满,然后压紧滤纸边缘,松开堵住下口的手指,即可形成水柱。

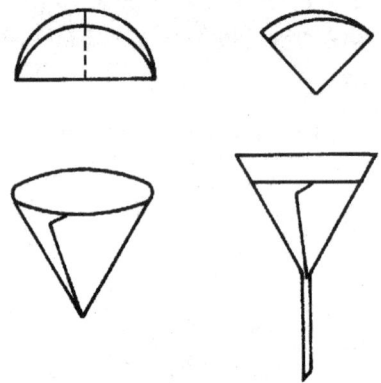

图 3-29 滤纸的折叠方法

(4)过滤和转移

过滤时,将贴有滤纸的漏斗放在漏斗架上,并调节漏斗架高度,使漏斗颈末端紧贴接收器内壁,将料液沿玻璃棒靠近三层滤纸一边缓慢转移到漏斗中,见图 3-30。若沉淀为胶体,应加热溶液破坏胶体,趁热过滤。

过滤时左手持玻璃棒,将玻璃棒靠近 3 层滤纸一边,但不要接触滤纸,以免滤纸被碰破。右手拿起烧杯,让杯嘴贴着玻璃棒,慢慢倾斜烧杯,尽量不使沉淀浮起,将上层清液沿玻璃棒倾入漏斗。边倾入溶液,玻璃棒应边逐渐上提,避免触及液面。当液面离滤纸边缘 5 mm 时应停止倾注溶液,待溶液液面下降后,再继续倾注。停止倾注时烧杯不可马上离开玻璃棒,应将烧杯嘴沿玻璃棒向上提 1~2 cm

图 3-30 常压过滤

后,慢慢扶正烧杯,然后离开玻璃棒。这样可使烧杯嘴上的液滴顺玻璃棒流入漏斗中。烧杯离开玻璃棒后,再将玻璃棒放回烧杯中,但不可靠在烧杯嘴处,更不可随意放在桌面上或其他地方。

如沉淀需洗涤,应先转移溶液,后用少量洗涤剂洗涤沉淀。充分搅拌并静置一段时间,沉淀下沉后,将上方清液倒入漏斗中,如此重复洗涤 2~3 遍,最后再将沉淀转移到滤纸上。沉淀转移的方法是先用少量洗涤液冲洗杯壁和玻璃棒上的沉淀,再把沉淀搅起,将悬浮液小心转移到滤纸上,每次加入的悬浮液不得超过滤纸高度的 2/3。如此反复几次,尽可能地将沉淀转移到滤纸上。烧杯中残留的少量沉淀可按图 3-31 所示,用左手将烧杯倾斜放在漏斗上方,杯嘴朝向漏斗。用左手食指按住架在烧杯嘴上的玻璃棒上方,其余手指拿住烧杯,杯底略朝上,玻璃棒下端对准三层滤纸处,右手拿洗瓶冲洗杯壁上所黏附的沉淀,使沉淀和洗液一起顺着玻璃棒流入漏斗中(注意勿使溶液溅出)。烧杯和滤纸上的沉淀还必须用蒸馏水再洗涤至干净。黏附在烧杯壁和玻璃棒上的沉淀,可用淀帚自上而下刷至杯底,再转移到滤纸上,最后在滤纸上将沉淀洗至无杂质。洗涤时应先使洗瓶出口管充满液体,用细小缓慢的洗涤液流从滤纸上部沿漏斗壁螺旋向下冲洗,见图 3-32,绝不可骤然浇在沉淀上。待上一次洗涤液流完后,再进行下一次洗涤。在滤纸上洗涤沉淀主要是洗去杂质,并将黏附在滤纸上部的沉淀冲洗至下部。

沉淀是否洗涤干净,可通过检查最后流下的滤液进行判断。

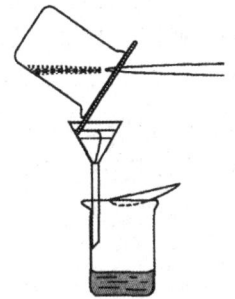

图 3-31　沉淀的转移

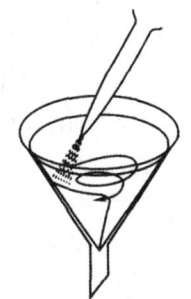

图 3-32　沉淀的洗涤

2. 减压过滤(吸滤或抽滤)

为了加速大量溶液与沉淀的分离,常用抽气过滤的方法加快过滤速度。减压过滤的漏斗有布氏漏斗和砂芯漏斗两种,见表 2-3。减压过滤的真空泵一般为玻璃抽气气管或水循环式真空泵。若用玻璃抽气气管抽真空,全套仪器装置如图 3-33 所示。它由抽滤瓶、布氏漏斗(中间有许多小孔的瓷板)、安全瓶和玻璃抽气管组成。玻璃抽气管一般装在实验室的自来水龙头上,但这种装置容易损坏,且浪费大量水资源,因此,现已被水循环式真空泵取代。安全瓶连接在抽滤瓶与真空泵中间,防止抽气管中的水倒流入抽滤瓶。这种抽气过滤的原理是利用真空泵抽气把抽滤瓶中的空气抽出,造成部分真空,而使过滤速度大大加快。若使用水

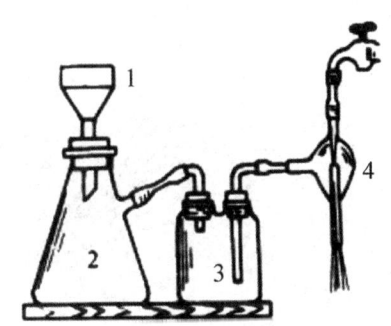

1—布氏漏斗;2—抽滤瓶
3—安全瓶;4—水泵
图 3-33　减压过滤

循环真空泵,则应在其与抽滤瓶之间加上能控制压力的缓冲瓶(图 3-33 中的安全瓶),再加一导管通大气,用自由夹控制其通道,以免将滤纸抽破。

过滤前,先将滤纸剪成直径略小于布氏漏斗内径的圆形,平铺在布氏漏斗的瓷板上。

安装布氏漏斗时,其下端斜口应正对着抽滤瓶支管,再从洗瓶中挤出少许蒸馏水润湿滤纸,并慢慢打开自来水龙头,稍微抽吸,使滤纸紧贴在漏斗的瓷板上,然后进行抽气过滤。先用倾泻法将溶液沿玻璃棒倾入漏斗中,溶液不超过漏斗总量的2/3。最后将沉淀转移至布氏漏斗中,均匀地分布在滤纸上,抽至无液滴滴下时,停止抽滤。

停止抽滤时,应先把连接抽滤瓶的橡皮管拨下,然后关闭水龙头,以防倒吸。取下漏斗后把它倒扣在滤纸上或容器中,轻轻敲打漏斗边缘,使滤纸和沉淀脱离漏斗,滤液则从吸滤瓶的上口倾出,不要从侧口尖嘴处倒出,以免弄脏滤液。

3.热过滤

如果不希望溶液中的溶质在过滤时留在滤纸上,这时就要趁热进行过滤。

热过滤的方法有以下几种:

(1)少量热溶液的过滤,可选一颈短而粗的玻璃漏斗放在烘箱中预热后使用。在漏斗中放一折叠滤纸,其向外的棱边应紧贴于漏斗壁上。

滤纸的折叠方法如图3-34所示,将圆滤纸折成半圆形,再对折成圆形的1/4,以1对4折出5,3对4折出6,如图(a);1对6和3对5分别再折出7和8,如图(b);然后以3对6和1对5分别折出9和10,如图(c);最后在1和10,10和5,5和7……9和3间各反向折叠,稍压紧如同折扇,见图(d);打开滤纸,在1和3处各向内折叠一个小折面,如图(e)。折叠时在近滤纸中心不可折得太重,因该处最易破裂,使用时将折好的滤纸打开后翻转,放入漏斗。

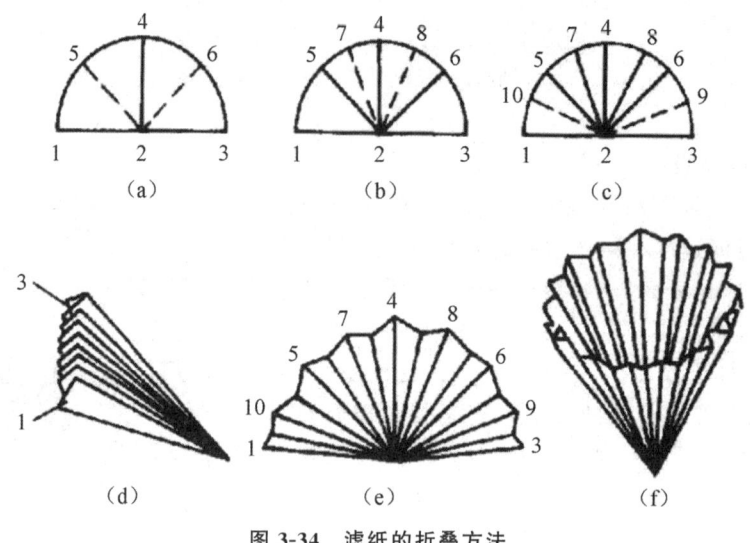

图 3-34 滤纸的折叠方法

使用前先用少量热溶剂润湿滤纸,以免干燥的滤纸吸附溶剂使溶液浓缩而析出晶体。然后迅速倒液,用表面皿盖好漏斗,以减少溶剂挥发。

(2)如过滤的溶液量较多,则应选用保温漏斗。保温漏斗是一种减少散热的夹套式漏斗,其夹套是金属套内安装一个短颈玻璃漏斗而形成的,见图3-35。使用时将热水(通常是沸水)倒入夹套,加热侧管(如溶剂易燃,过滤前务必将火熄灭)。漏斗中放入折叠滤纸,用少量热溶剂润湿滤纸，立即把热溶液分批倒入漏斗，不要倒得太满，也不要等滤完再倒，未倒的溶液和保温漏斗用小火加热，保持微沸。热过滤时一般不要用玻璃棒引流，以免加速降温；接收滤液的容器内壁不要贴紧漏斗颈，以免滤液迅速冷却析出晶体，晶体沿器壁向上堆积，堵塞漏斗口，使之无法过滤。

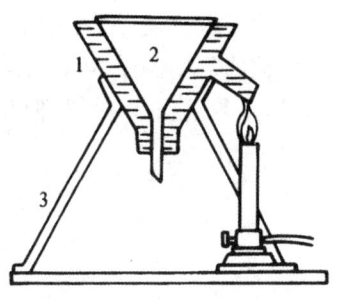

1—铜漏斗套；2—短颈漏斗；
3—三脚架
图 3-35　热过滤

若操作顺利，只会有少量结晶在滤纸上析出，可用少量热溶剂洗下，也可弃之，以免得不偿失。若结晶较多，可将滤纸取出，用刮刀刮回原来的瓶中，重新进行热过滤。滤毕，将溶液加盖放置，自然冷却。

进行热过滤操作要求准备充分，动作迅速。

3.8.3　离心分离法

离心分离法操作简单而迅速，适用于少量溶液与沉淀混合物的分离。离心分离法的仪器是离心机（图3-36）和离心试管。800-Ⅱ台式离心机最多能放置8支离心试管，每一个离心套管处都有对应编号。放置离心试管时，应在对称位置上放置同规格等体积的溶液，以确保离心试管的重心在离心机的中心轴上（否则转动时会出现强烈振动）。若只有一支离心试管有需分离的沉淀，则需用另一支盛有同体积水的离心试管与之平衡。

800-Ⅱ台式离心机的使用方法：

①打开离心机顶盖，在对称的离心套管内放入离心试管后，盖上离心机顶盖。

②打开电源开关，调节所需要的转速（一般可调节至每分钟2 000转左右）。

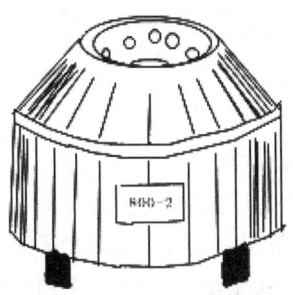

图 3-36　800-Ⅱ台式离心机

③等离心机完全停止后，打开离心机顶盖（切勿在离心机运行时打开顶盖，以免出现危险），取出离心试管。

在离心过程中，若离心机出现异常振动现象，一般是离心试管放置不对称或离心试管的规格及所装溶液的体积不相等所致，此时应立即按停止按钮或电源开关使其停止运行，查出原因并改正错误后重新离心分离。

通过离心作用，沉淀紧密聚集在离心试管的底部，上方得到澄清的溶液。用滴管小心地吸取上方清液,见图 3-37,但注意不要使滴管接触沉淀,而且要尽量吸出上部清液。如果沉淀物需要洗涤,可以加入少量水或洗涤液,搅拌,再进行离心分离。按上法吸出上层清液,重复洗涤 2～3 次即可。

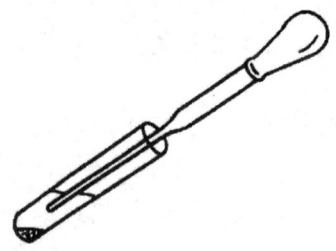

图 3-37　用滴管吸取上层清液

3.9 重量分析基本操作

3.9.1 沉淀条件的选择

沉淀颗粒的大小不仅决定着过滤速度的快慢,而且还决定着过滤后沉淀的纯度。一般情况下,沉淀的颗粒越大,过滤越快,吸附杂质越少,即沉淀的纯度越高。太细的沉淀不仅容易吸附杂质,难以洗涤,且容易形成胶体溶液而通过滤纸,以致实验失败。因此,在重量分析中一般希望得到较大颗粒的沉淀。沉淀的类型不同,生成沉淀的条件不同。

1.晶形沉淀的条件
①在适当稀溶液中进行沉淀操作。
②沉淀时将溶液加热有利于生成大颗粒的沉淀。
③沉淀速度要慢,边滴加沉淀剂边搅拌溶液,以防沉淀剂局部过浓而使形成的沉淀太细。
④沉淀生成后要放置陈化。陈化操作是将沉淀和母液放置过夜或在水浴上保温一定时间。陈化的目的是使小晶粒转化成大晶粒,不完整的晶体转变成完整的晶体。

2.无定形沉淀的条件
①沉淀在较浓的溶液中进行;
②沉淀在热溶液中进行有利于得到含水量少、结构紧密的沉淀;
③沉淀时注意防止生成胶体溶液,即沉淀时应加入大量电解质或能引起胶体溶液凝聚的试剂;
④不能陈化。

沉淀时应将沉淀剂沿着烧杯内壁加到溶液中去,边加边搅拌。

沉淀过程中若需加热,则不得使溶液沸腾(最好在水浴中加热)。沉淀完全后,用洗瓶吹洗表面皿和杯壁,以免溶液损失。

沉淀后应检查沉淀是否完全。检验的方法是待沉淀下沉后,在上层清液中,沿容器内壁缓缓滴加几滴沉淀剂,仔细观察是否有新的沉淀形成。若仍有沉淀形成,则应补加足量的沉淀剂使沉淀完全。

3.9.2 沉淀的过滤和洗涤

沉淀的过滤和洗涤是重量分析成败的关键步骤,应根据沉淀的性质选用适当的滤纸或玻璃滤器。重量分析法使用的定量滤纸,称为无灰滤纸,每张滤纸的灰分质量约为 0.08 mg,可以忽略。用滤纸过滤时一般先采用倾泻法过滤,再将沉淀转移到滤纸上进行洗涤,以增加过滤速度。

3.9.3 沉淀的烘干、灼烧及恒重

1. 瓷坩埚的准备

将洗净的瓷坩埚斜放在泥三角上,见图 3-38(a),坩埚盖斜靠在坩埚口和泥三角上,用小火(必须是氧化焰)小心加热坩埚盖,见图 3-38(c),使热空气流反射到坩埚内部将其烘干。稍冷,用硫酸亚铁铵溶液(或硝酸钴溶液)在坩埚和盖上编号,小心烘干。灼烧温度和时间应与灼烧沉淀时相同。在灼烧过程中,要用热坩埚钳慢慢转动坩埚数次,使其灼烧均匀。

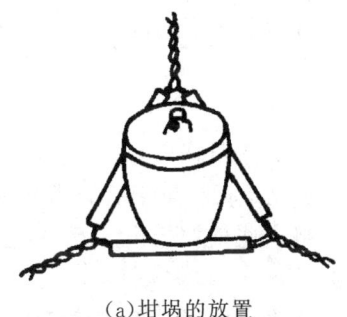
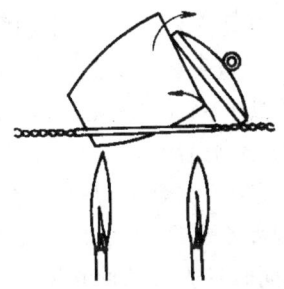

(a)坩埚的放置　　　　　(b)沉淀的烘干　(c)滤纸的灰化

图 3-38　沉淀和滤纸在坩埚中烘干、炭化和灰化的火焰位置

空坩埚第一次的灼烧时间为 15~30 min,稍冷,用热坩埚钳夹取后放入干燥器内(不要过早将干燥器盖密封),冷却至室温后称量。第二次再灼烧 15 min,冷却、称量(每次冷却时间要相同),直至两次称量相差不超过 0.2 mg,即为恒重。将恒重后的坩埚放在干燥器中备用。

若使用马弗炉灼烧,可将编好号、烘干的瓷坩埚用长坩埚钳逐渐移入规定温度的马弗炉中(坩埚直立并盖上坩埚盖,但留有空隙)。每次灼烧的时间、冷却和称量条件与上述酒精喷灯的灼烧相同。

2. 沉淀的包裹

若沉淀为晶形沉淀,体积一般较小,可用清洁的玻璃棒将滤纸的三层部分挑起,再用洗净的手将滤纸小心取出,按图 3-39(a)所示打开成半圆形,自右边半径的 1/3 处向左折叠,再从上边向下折,然后自右向左卷成小卷,将滤纸放入已恒重的坩埚中,包卷层数较多的一面朝上,以便于炭化和灰化。

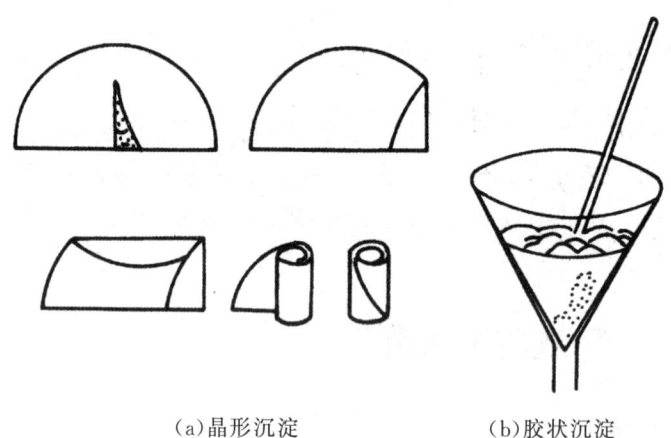

(a)晶形沉淀　　　　(b)胶状沉淀

图 3-39　包裹沉淀方法

若沉淀为胶状沉淀,沉淀的体积一般较大,不宜用上述包裹方法,而应用玻璃棒从滤纸的三层部分将其挑起,然后用玻璃棒将滤纸向中间折叠,将三层部分的滤纸折在最外面,包成锥形滤纸包,见图 3-39(b)。用玻璃棒轻轻按住滤纸包,旋转漏斗颈,慢慢将滤纸包从漏斗的锥底移至上沿。将滤纸包移至恒重的坩埚中,尖头向上,再仔细检查原烧杯嘴和漏斗内是否残留沉淀。如有沉淀可用准备漏斗时撕下的滤纸再擦拭,一并放入坩埚内,此法也可以用于包裹晶形沉淀。

3. 沉淀的烘干、炭化、灰化、灼烧和恒重

按图 3-38(a)放置好坩埚及盖,用酒精喷灯小火加热坩埚盖,这时热空气流反射到坩埚内部,使滤纸和沉淀烘干,并利于滤纸的炭化。炭化是指将烘干后的滤纸灼烧成灰的过程。炭化时温度不宜升得太快,以防滤纸着火,并将一些微粒扬出。万一着火,应立即将坩埚盖盖住,同时移去火源使其熄灭,不可用嘴吹灭。

灰化是使呈炭黑状的滤纸灼烧成灰的过程。灰化时先用小火使滤纸大部分灰化后,再逐渐加大火焰把炭完全烧成灰,见图 3-38(b)。

炭粒完全消失后,可改用喷灯灼烧沉淀片刻,如 $BaSO_4$ 沉淀一般第一次灼烧 30 min,按空坩埚冷却方法冷却、称量,然后进行第二次灼烧(只需 15 min)、冷却、称量,直至恒重。

使用马弗炉灼烧沉淀时,沉淀和滤纸的干燥、炭化和灰化过程一般先在酒精喷灯上或电炉上进行,然后将坩埚移入适当温度的马弗炉中,在与灼烧空坩埚相同的温度和条件下灼烧至恒重。若直接放入马弗炉中,必须先在低温下进行烘干、炭化、灰化,再将温度升至规定温度灼烧。

3.9.4 基本计算公式

$$w = \frac{F m_{称量形式}}{m_{样}}$$

式中，F——被测组分与称量形式之间的换算因数；

$m_{称量形式}$——称量形式的质量；

$m_{样}$——样品质量；

w——被测组分的质量分数。

第4章 常见仪器使用简介

4.1 酸度计

4.1.1 pHS-25 型酸度计

1. 使用仪器前的准备

在电极插入之前输入端必须插入 Q9 短路扦,使输入端短路以保护仪器。仪器供电电源为交流电源,把直流稳压电源插在 220 V 交流电源上,并把电极安装有电极架上后将 Q9 短路插头拔去,把复合电极插头插在仪器的电极插座上。电极下端玻璃球泡较薄,小心不要碰坏。电极插头在使用前应保持清洁干燥,切忌与污物接触。

图 4-1　pHS-25 型酸度计

2. 校正

仪器选择开关置"pH"档,开启电源,仪器预热几分钟,然后进行校正。

(1) 一点校正法

一点校正法用于分析精度要求不高的情况。

①选择一种最接近样品 pH 值的缓冲溶液,并把电极放入这一缓冲溶液中,调节温度补偿钮,使所指示的温度与溶液的温度相同,并摇动溶液,使溶液均匀。

②待读数稳定后,该读数应为缓冲溶液的 pH 值,否则调节标定调节钮。清洗电极,

并吸干电极球泡表面的余水。

(2)两点校正法

两点校正法用于分析精度要求较高的情况。

① 仪器斜率调节器调节在100%位置(即顺时针旋到底的位置)。

②选择两种缓冲溶液(也即被测溶液的pH值在两种溶液之间或接近的情况)。

③把电极放入第一种缓冲溶液中,调节温度调节钮,使所指示的温度与溶液的温度相同,并摇动烧杯,使溶液均匀。

④待读数稳定后,该读数应为该缓冲溶液的pH值,否则调节标定调节钮。

⑤电极放入第二种缓冲溶液中,摇动溶液,使溶液均匀。

⑥待读数稳定后,该读数应为该缓冲溶液的pH值,否则调节斜率补偿钮。

⑦清洗电极,并吸干电极球泡表面的余水。

3.测量

已经校正过的仪器,即可用来测量被测溶液。放上盛有待测溶液的烧杯,移下电极,将烧杯轻轻摇动,读出溶液的pH值。如果数字不稳定,重复读数,待读数稳定后,放开读数开关,移走溶液,用蒸馏水冲洗电极,将电极保存好。关上电源开关,套上仪器罩。

4.1.2 奥豪斯STARTER2100/3Cpro酸度计

1.准备

pH电极使用前用纯水冲洗,用滤纸吸干水分,电极连仪表上,接通电源,短按"退出"开机[长按(3秒)"退出"则关机]。

2.校正

电极放入任一pH缓冲液中,按"校准",判断读数稳定后,按"读数/确认"完成一点校准;放入第二个缓冲溶液中按"校准"继续两点校准或按"退出"放弃校准。

3.测量

电极放在样品中,按"读数/确认",判断读数稳定后,按"读数/确认"锁定读数,测量前电极需校准且状态良好,按"pH/mV"切换pH与mV测量。

4.2 DDS-11A电导率仪

4.2.1 操作步骤

(1)将电源插头插入接地可靠的插座。

(2)将选择开关置于校正位置,开机预热10~15 min。

(3)电导率的校正

① 将电极插入校正液中,调节"量程"旋钮,选择最大量程(2 000 μS)。

② 温度补偿器置 25 ℃,是标准电导的温度值。

③ 选择开关置于校正位置,调节常数调节器,使仪器显示所用电极的电极常数值。例如,电极的常数为 0.87,则调常数调节器,使仪器显示为 0.870(870)。

(4)槽液电导率测试

将电极插头插入插口,测量开关置"测量"挡,选用适当量程,用纯水清洗电极并甩干,将电极插入被测液中,晃动后静置,待测定数值稳定后,读数。将电极取出,用纯水清洗干净,放回保护溶液中浸泡。

4.2.2 注意事项

请不要将电极长时间浸泡在槽液中。

4.3 浊度计

4.3.1 操作步骤

(1)准备好试样瓶并清洗干净,采用吸水性较好的不落毛纸巾或软布擦净试样瓶上的水迹和指印,如不易擦净可用稀盐酸浸泡 2 h,最后用蒸馏水反复漂洗。拿取样品瓶时只能拿瓶体上半部分,以避免指印进入光路。

(2)准备好校零用的零浊度水,配制好 100 NTU 的浊度标准溶液。

(3)按动仪器左侧的电源开关,预热 30 s。

(4)将零浊度水倒入试样瓶内到十字刻度横线处,然后旋上瓶盖,擦净瓶体。将其放入试样座内并按到底,保证试样瓶的十字刻度竖线对准试样座上的白色定位线,然后盖上遮光盖,稍等读数稳定后调节零旋钮,使显示为零。

(5)用同样的方法对 100 NTU 标液进样测试,调节校正按钮,使仪器显示为 100 NTU。

(6)重复(4)和(5)步骤,使零点和校正值可靠。

(7)放入样品试样瓶,等读数稳定后记下浊度值。

(8)自开机起约 40 min,仪器会自动关机。

4.3.2 注意事项

(1)必须使用同一试样瓶进行调零、校正和样品测试。

(2)测量池内必须保持清洁干燥、无灰尘,不用时盖上遮光盖。

(3)被测溶液应沿试样瓶壁小心倒入,防止产生气泡,有气泡需重新装样。
(4)更换试样瓶或标准溶液及维修后,需重新进行标定。

4.4 分光光度计

4.4.1 722型分光光度计

(1)接通电源,打开仪器开关,仪器需要预热20 min。

(2)用波长调节旋钮调节所需波长。

(3)T调零:打开样品室盖子,将挡光体插入比色皿架,将其推或拉入光路中,盖好样品盖。按方式设定键"MODE",选择T灯亮,再按0%键,调$T=0.000$。

图4-2　722型分光光度计

(4)打开样品盖,将参比溶液和被测溶液倒入比色皿中,再把比色皿置于光路中,盖上样品室盖。

(5)T调100%:将参比溶液推或拉入光路中,按100%T键,调$T=100%$。如果波长改变了,则重新校正"0%"和"100%"。

(6)测T(透光率):将被测溶液推或拉入光路中,此时显示器显示的是被测样品的T值。然后将待测溶液推入光路,显示值即为待测样品的吸光度值A。

(7)测A:在T调零后,按方式键(MODE)时A灯亮。把参比溶液推或拉入光路中,按100%T键,调$A=0.000$。将被测溶液推或拉入光路中,此时显示器显示的是被测样品溶液的A值。

4.4.2 V-1800型分光光度计

(1)接通电源,打开仪器开关,仪器自检,自检结束后,预热20 min。

(2)进入光度测量:主界面上、下键选择"光度测量",按ENTER进入光度测量的设置界面。

(3)设置测试波长:按"GOTO λ"进入设置波长,输入波长值,按ENTER确定输入的波长值。

(4)设置测量结果显示模式:按"SET"进入设置参数界面,上、下键选择"吸光度""透光率"或"能量"模式,按ENTER确认,RETURN返回。

(5)进入测量界面:按"START/STOP"进入测量界面。

(6)校准100%T/0Abs:将参比置于光路中,按"ZERO"校准。

(7)测量样品:将样品置于光路中,按"START/STOP"测量。

4.4.3 注意事项

(1)使用前,使用者应该首先了解本仪器的结构和原理,以及各个旋钮的功能。按键和旋钮要谨慎使用,不要乱按。

(2)仪器要防潮、防尘及防震,仪器和放置仪器的桌面要保持干净。

(3)比色皿的装液高度不要超过比色皿高度的 2/3,其透光面要保持干燥清洁,要注意配对使用。比色皿用后要立即清洗干净。

(4)测定的吸光度要在 0.2~0.8 范围内,其准确度较好。

(5)连续使用时间不要超过 2 h。当仪器停止工作时,切断电源,电源开关同时切断,并罩好仪器。

第5章 基础实验

实验一 物质的称量

一、实验目的

1. 掌握直接法和差减称量法的称样方法。
2. 了解在称量中如何运用有效数字。

二、预习与思考

1. 预习本书 3.3 节"天平的使用"中有关分析天平和试样的称量方法等内容。
2. 思考：
(1) 怎样使用托盘天平？使用时应注意哪些问题？
(2) 称量方法有几种？如何选择称量方法？
(3) 差减称量法称量是怎样进行的？有何优点？
(4) 使用电子天平应该注意哪些问题？

三、实验原理

化学实验中根据不同的称量要求，常用托盘天平、分析天平称量。有关称量仪器的构造和工作原理及使用方法等参见本书 3.3 节"天平的使用"。

四、实验用品

1. 仪器
台秤，电子天平，称量瓶，表面皿，瓷坩埚。
2. 药品
无水 Na_2CO_3（A.R.，573 K 左右烘干）。

五、实验内容

1. 电子天平的使用

(1)通电源,屏幕右上角显出一个"0",预热 30 min 以上。

(2)检查水平仪,如不水平,应通过调节天平前边左、右两个水平支脚而使其达到水平状态。

(3)按一下开关键,显示屏很快出现"0.0000 g"。

(4)如果显示不正好是"0.0000 g",则要按一下"TARE"键。如天平长时间没有用过,或天平移动过位置,应进行一次校准。校准是当天平按完"TARE"键,稳定地显示"0.0000 g"后,按一下校准键(CAL),天平将自动进行校准,屏幕显示出"CAL",表示正在校准。10 s 左右,"CAL"消失,表示校准完毕,应显示出"0.0000 g"。如果显示不正好为"0.0000 g",可按一下"TARE"键,即可进行称量。

(5)将被称物轻轻放在称盘上,这时可见显示屏上的数字在不断变化,待数字稳定并出现质量单位"g"后,即可读数,并记录称量结果。

(6)称量完毕,取下被称物,如果不久还要继续使用天平,可暂不按开关键,天平将自动保持零位,或者按一下开关键(但不可拔下电源插头),让天平处于待命状态,即显示屏上数字消失,左下角出现一个"0",再称样时按一下"开/关"键就可使用。如果较长时间(半天以上)不再用天平,应拔下电源插头,盖上防尘罩。

2. 称量练习

(1)直接称量练习

取两只洁净、干燥的坩埚(标上编号),分别在台秤上、分析天平上称出其质量。

(2)差减称量练习

从干燥器中取出一只装有试样的称量瓶,在分析天平上准确称量,记下质量 m。用一洁净的纸条套在称量瓶上,用手取出称量瓶,再用一小纸片裹住瓶盖,打开瓶盖,用瓶盖轻轻敲击称量瓶瓶口边缘,敲出适量试样于小坩埚中,将称量瓶回敲后盖好瓶盖,准确称取其质量 m',则 $m-m'$ 即为试样的质量。以此方法连续称样 3 份。称样要求:①要求称量 0.2~0.3 g 试样 3 份;②要求称量 0.2~0.25 g 试样 3 份。

六、数据记录及处理

1. 直接称量练习

记录项目	台秤	分析天平
坩埚 1 质量 m_1/g		
坩埚 2 质量 m_2/g		

2.差减称量练习

记录项目	I	II	III
称量瓶和试样质量 m（倾出样品前）/g			
称量瓶和试样质量 m'（倾出样品后）/g			
倾出样品质量 $m-m'$/g			

七、注意事项

1.去干燥器取药品时，干燥器的盖子要倒放。
2.倾出试样时要防止药品洒落。

八、问题与讨论

1.在实验中记录称量数据应精确至几位？为什么？
2.在用减量法称量样品的过程中，若称量瓶内的样品吸潮，对称量会造成什么误差？若试样倾入烧杯内再吸潮，对称量是否有影响？为什么？
3.减量法称量过程中，能否用小勺取样？为什么？

实验二　溶液的配制

一、实验目的

1.了解和学习实验室常用溶液的配制方法。
2.掌握量筒、容量瓶、移液管的使用方法。

二、预习与思考

1.预习本书 3.4 节"常见度量仪器的使用"。
2.预习本书 3.5 节"试剂的取用"。
3.预习关于一般溶液和标准溶液的几种配制方法。
4.思考：
(1)配制有明显热效应的溶液时应注意哪些问题？
(2)使用移液管和容量瓶应注意哪些问题？

(3)取用化学试剂时应注意哪些问题？
(4)移液管尖端部分留液要不要吹出？

三、实验原理

配制溶液是进行实验的基本技能之一。根据不同实验的要求应选用不同准确度的度量仪器。例如，溶液浓度不要求很精确，使用台秤、量筒或刻度烧杯即可。配制溶液的浓度要求很准确，应该使用分析天平、移液管或容量瓶等高准确度的仪器。

1. 一般溶液的配制

配制溶液分为粗略配制和准确配制两种。溶液配制通常要经过以下几个步骤：①根据要求计算出溶质的用量；②称取或量取一定的溶质；③加入适量的溶剂溶解或稀释到实验要求的体积或浓度。最常遇到是由固体试剂配制溶液和由液体试剂（浓溶液稀释）配制溶液两种（由气体配成溶液并不常见，不作介绍）。

(1)由固体试剂配制溶液

①粗略配制：先算出配制给定体积溶液所需固体试剂的用量，用台秤称取固体试剂，倒入容器中（一般用烧杯），用量筒量取水的体积，先向烧杯中加入少量蒸馏水并用玻璃棒搅动使固体完全溶解后，再倒入剩余的蒸馏水，将溶液转移至试剂瓶中，摇匀。或将物质在有刻度得容器中溶解，然后加水至所要求的刻度，最后贴上标签备用。

②准确配制：先算出配制给定体积和准确浓度的溶液所需固体试剂的用量，用分析天平准确称出它的质量，放在干净的烧杯中，加适量蒸馏水使其完全溶解，将溶液转移至容量瓶中，用少量的蒸馏水洗涤烧杯 2~3 次，洗液全部转移至容量瓶中，再加蒸馏水至标线处，塞上塞子摇匀，然后将溶液转移至试剂瓶中（试剂瓶要用此液润洗），贴上标签备用。

(2)由液体（或浓溶液稀释）试剂配制溶液

①粗略配制：已知浓溶液的浓度（比如由试剂商店购进给出浓度的溶液，或通过比重计测出相对密度再计算出浓度的溶液），算出配制一定物质的量浓度的溶液所需液体（浓溶液）的体积，用量筒量取，倒入装有少量水的有刻度的烧杯中混合。如果溶液放热，需冷却至室温，再用水稀释至刻度，搅匀后移至试剂瓶中，贴上标签备用。

②准确配制：当用较浓的准确浓度的溶液配制成较稀的准确浓度的溶液时，先计算浓溶液的体积，然后用润洗过的移液管吸取所需体积注入一定体积的洁净的容量瓶中，再加蒸馏水至标线处，摇匀后装入试剂瓶，贴上标签备用。

对于阳离子易水解的化合物，在配制溶液时还要考虑以相应的酸溶解，然后加水稀释。

2. 标准溶液的配制

已知准确浓度的溶液称为标准溶液。配制标准溶液的方法有以下两种。

(1)直接法：在分析天平上准确称取一定量已干燥的基准物溶于水后，转入已校正的容量瓶中用水稀释至刻度，摇匀，即可算出其准确浓度。

(2)标定法：即先配成近似浓度的溶液，然后用基准物来标定出它的准确浓度。标准溶液的配制在定量分析中经常遇到。

当需要通过稀释法配制标准溶液的稀溶液时,可用移液管准确移取一定体积的浓溶液,在容量瓶中定容。

四、实验用品

1. 药品

$CuSO_4 \cdot 5H_2O(s)$,$NaOH(s)$,H_2SO_4,HAc,HCl,$FeCl_3 \cdot 6H_2O(s)$,$Fe(NO_3)_3 \cdot 9H_2O(s)$,EDTA,$K_2Cr_2O_7$。

2. 仪器

台秤,烧杯,量筒(10 mL、100 mL),移液管(25 mL),吸量管(10 mL),容量瓶(50 mL),试剂瓶。

五、实验内容

1. 酸、碱溶液的配制

(1) 配制 50 mL 2 mol·L^{-1} NaOH(40.00 g·mol^{-1})溶液。

(2) 用浓硫酸配制 50 mL 3 mol·L^{-1} H_2SO_4 溶液(浓 H_2SO_4 物质的量浓度为 18 mol·L^{-1})。

(3) 用浓盐酸配制 50 mL 6 mol·L^{-1} HCl 溶液(浓 HCl 物质的量浓度为 12 mol·L^{-1})。

(4) 配制 50 mL 1 mol·L^{-1} HAc 溶液,再稀释成 50 mL 0.1 mol·L^{-1} HAc 溶液。

2. 盐溶液的配制

(1) 配制 50 mL 0.1 mol·L^{-1} 硫酸铜($CuSO_4 \cdot 5H_2O$,249.68 g·mol^{-1})溶液。

(2) 配制 50 mL 0.1 mol·L^{-1} 三氯化铁($FeCl_3 \cdot 6H_2O$,270.30 g·mol^{-1})溶液或配制 50 mL 0.1 mol·L^{-1} 硝酸铁[$Fe(NO_3)_3 \cdot 9H_2O$,404.00 g·mol^{-1}]溶液。

3. 标准溶液的配制

(1) EDTA 标准溶液的配制

称取分析纯 EDTA 二钠盐($Na_2H_2Y \cdot 5H_2O$)约 1.9 g 于 250 mL 烧杯中,加蒸馏水 150 mL,加热溶解,必要时过滤。冷却后用蒸馏水稀释至 500 mL,摇匀,保存在聚乙烯塑料瓶中,浓度约为 0.01 mol·L^{-1}。用时标定。

(2) 标准溶液配制 0.1 mol·L^{-1} NaCl

用电子天平准确称取 1.5~1.6 g 烘干过的 NaCl 于 250 mL 烧杯中,加蒸馏水溶解,定量转入 250 mL 容量瓶中,加蒸馏水稀释至刻度,充分摇匀。计算其准确浓度。

六、数据记录与处理

溶液	固体试剂的相对分子质量(g·mol^{-1})或浓溶液的物质的量浓度(mol·L^{-1})	配制体积/mL	所需试剂质量(g)或溶液体积(mL)

七、问题与讨论

1. 配制 FeCl$_3$ 溶液时应注意什么问题？
2. 用容量瓶配溶液时，要不要先将容量瓶干燥？能否烘干？
3. HCl 和 NaOH 标准溶液能否直接配制？为什么？

实验三　HAc 解离度和解离常数的测定

一、实验目的

1. 掌握用酸度计测定 HAc 解离度和解离常数的原理和方法。
2. 加深对弱电解质解离平衡的理解。
3. 学习酸度计、滴定管和容量瓶的使用方法。

二、预习与思考

1. 实验中 HAc 和 Ac$^-$ 浓度是怎样测定的？
2. 烧杯是否必须烘干？还可以做怎样处理？
3. 做好本实验的操作关键是什么？

三、实验原理

HAc 是弱电解质,在水中部分电离,存在下列平衡:

$$HAc(aq) \rightleftharpoons H^+(aq) + Ac^-(aq)$$

$$K_a^{\ominus}[1] = \frac{c(H^+)c(Ac^-)}{c(HAc)}$$

$$= \frac{(c\alpha)^2}{c(1-\alpha)}$$

$$= \frac{c\alpha^2}{1-\alpha}$$

当 $\alpha < 5\%$ 时,$1-\alpha \approx 1$,$K_a^{\ominus}(HAc) = c\alpha^2$

$$\alpha = \frac{c(H^+)}{c(HAc)}$$

式中,$K_a^{\ominus}(HAc)$——HAc 的标准解离常数;

$c(HAc)$——HAc 的起始浓度;

$c(H^+)$——平衡时 H^+ 的平衡浓度;

α——HAc 的解离度。

四、实验用品

1. 仪器

酸度计,酸式滴定管(50 mL),烧杯(100 mL),温度计。

2. 药品

$0.1\ mol \cdot L^{-1}$ HAc(由实验室标定后给出,4 位有效数字),标准溶液(pH 分别为 4.00 和 6.86)。

五、实验内容

1. 不同浓度 HAc 溶液的配制

取两支酸式滴定管(做好标签),分别装 HAc 和去离子水,按下表分别从滴定管中放出相应体积的 HAc 溶液和去离子水于 100 mL 洁净、干燥的小烧杯中,混合均匀,计算出各烧杯中 HAc 溶液的准确浓度。

2. HAc 溶液 pH 的测定

按由稀至浓的顺序测定它们的 pH,记录数据和测定时的温度。将实验中测得的有关数

---

[1] $K_a^{\ominus}(HAc) = \dfrac{c(H^+)/c^{\ominus} \cdot c(Ac^-)/c^{\ominus}}{c(HAc)/c^{\ominus}}$,简写为 $K_a^{\ominus}(HAc) = \dfrac{c(H^+)c(Ac^-)}{c(HAc)}$,以下皆为简式。

据填入下表中,并计算 $K_a^{\ominus}$(HAc)和 α。与 25℃时 HAc 解离常数的文献值(1.76×10^{-5})比较,计算其相对偏差。

六、数据记录及处理

温度_____℃

HAc溶液编号	V(HAc)/mL	$V_{去离子水}$/mL	c(HAc)/(mol·L^{-1})	pH	c(H$^+$)/(mol·L^{-1})	α	$K_a^{\ominus}$(HAc) 测定值	$K_a^{\ominus}$(HAc) 平均值
1	5.00	45.00						
2	25.00	25.00						
3	37.50	12.50						
4	50.00	0.00						

七、注意事项

(1)在用滴定管加液时不要太快,接近刻度时要特别小心,一滴一滴地加。
(2)在测量 pH 之前,一定要用已知 pH 的缓冲溶液校正酸度计。

八、问题与讨论

1.若改变所测的 HAc 溶液的浓度和温度,HAc 的电离度和电离常数有无变化?
2.在测定一系列同种溶液的 pH 时,测定顺序由稀到浓和由浓到稀,其结果可能有何不同?
3.如何确定酸度计已校正好?

实验四　粗食盐提纯

一、实验目的

1.熟悉粗食盐的提纯过程及基本原理。
2.学习称量、过滤、蒸发及减压抽滤等基本操作。
3.定性地检查产品纯度。

二、预习与思考

1. 预习本书 3.8 节"固液分离"。
2. 了解 Ca^{2+}、Mg^{2+}、SO_4^{2-} 等离子的定性鉴定方法。
3. 思考：
(1)能否用重结晶的方法提纯 NaCl？
(2)能否用 $CaCl_2$ 代替毒性大的 $BaCl_2$ 来除去 SO_4^{2-}？
(3)在提纯粗盐溶解过程中，K^+ 在哪一步除去？
(4)蒸发和浓缩溶液应注意哪些事项？

三、实验原理

粗食盐中通常有 K^+、Ca^{2+}、Mg^{2+}、SO_4^{2-}、CO_3^{2-} 等可溶性杂质的离子，还含有不溶性的杂质，如泥沙。科学研究用的 NaCl 以及医用生理盐水所用的盐都需要较纯的 NaCl，因此，必须将上述杂质除去。

不溶性的杂质可用过滤的方法除去。可溶性的杂质要加入适当的化学试剂除去。除去粗盐中可溶性的杂质（Ca^{2+}、Mg^{2+}、SO_4^{2-}、CO_3^{2-}）的方法是：

(1)在粗食盐溶液中加入稍过量的 $BaCl_2$ 溶液，可将 SO_4^{2-} 转化为 $BaSO_4$ 沉淀，过滤可除去 SO_4^{2-}。

$$SO_4^{2-} + Ba^{2+} = BaSO_4 \downarrow$$

(2)向食盐溶液中加入 NaOH 和 Na_2CO_3 可将 Mg^{2+}、Ca^{2+} 和 Ba^{2+} 转化为 $Mg_2(OH)_2CO_3$、$CaCO_3$、$BaCO_3$ 沉淀后过滤除去。

$$2Mg^{2+} + 2OH^- + CO_3^{2-} = Mg_2(OH)_2CO_3 \downarrow$$
$$Ca^{2+} + CO_3^{2-} = CaCO_3 \downarrow$$
$$Ba^{2+} + CO_3^{2-} = BaCO_3 \downarrow$$

(3)用稀盐酸调节食盐溶液 pH 至 2~3，可除去 OH^- 和 CO_3^{2-} 两种离子。

$$H^+ + OH^- = H_2O$$
$$CO_3^{2-} + 2H^+ = CO_2 \uparrow + H_2O$$

K^+ 含量很少，用浓缩结晶的方法留在母液中除去。

四、实验用品

1. 仪器

台秤，循环水泵，布氏漏斗，抽滤瓶，蒸发皿，烧杯(250 mL、100 mL)，表面皿，量筒(100 mL、10 mL)，玻璃棒，漏斗架，普通漏斗。

2. 药品

HCl(2 mol·L^{-1})，NaOH(2 mol·L^{-1})，Na_2CO_3(1 mol·L^{-1})，$BaCl_2$(1 mol·L^{-1})，

$(NH_4)_2C_2O_4$(饱和),镁试剂①,粗食盐和 pH 试纸等。

五、实验内容

1.粗食盐的提纯
(1)溶解粗食盐
用台秤称取 5.0 g 粗食盐放入 100 mL 烧杯中,加 25 mL 蒸馏水,加热搅拌使大部分固体溶解,剩下少量不溶的泥沙等杂质。

(2)除去泥沙及 SO_4^{2-} 离子
边加热边搅拌边滴加 1 mL 1 mol·L^{-1} $BaCl_2$ 溶液,继续加热使沉淀完全。2~4 min 后停止加热。待沉淀下降后,倾斜烧杯,沿烧杯壁滴加 2 滴 $BaCl_2$ 溶液于上层清液中,检验 SO_4^{2-} 离子是否沉淀完全。如有白色沉淀生成,则需在溶液中再补加适量的 $BaCl_2$,直至沉淀完全。然后继续小火加热近沸约 5 min(必要时适量补充水分,防止食盐析出),使沉淀颗粒长大,便于过滤。倾泻法过滤,滤液收集在 100 mL 烧杯中。

(3)除去 Ca^{2+}、Mg^{2+}、Ba^{2+} 离子
在滤液中加入 10 滴 2 mol·L^{-1} NaOH 溶液和 1.5 mL 1 mol·L^{-1} Na_2CO_3 溶液,加热至沸,静置片刻。以上述同样方法检验沉淀是否完全。沉淀完全后,以常压过滤,滤液收集在 100 mL 的烧杯中。

(4)除去 OH^- 和 CO_3^{2-} 离子
在滤液中逐滴加入 2 mol·L^{-1} HCl 溶液,经充分搅拌后,用玻璃棒蘸取滤液,滴在点滴板上的 pH 试纸上检测,使 pH 达到 2~3。

(5)蒸发结晶
将滤液放入蒸发皿中,小火加热,将溶液浓缩至糊状,停止加热。冷却后减压抽滤,将 NaCl 抽干,把晶体转移至蒸发皿内,用小火(移动火源方法或蒸发皿放在石棉网上)烘干(为防止蒸发皿摇晃,在石棉网上放置一个泥三角),用玻璃棒炒动、烘干(注意防止溅跳),即得到洁白、松散的 NaCl 晶体。冷却,称其质量,计算产率。

2.产品纯度检验
取粗食盐和精盐各 0.5 g 放入试管内,分别溶于 5 mL 蒸馏水中,然后各分 3 等份,盛在 6 支试管中,分成 3 组,用对比法比较它们的纯度。

(1)SO_4^{2-} 离子的检验
向第一组试管中分别滴加 1 mol·L^{-1} $BaCl_2$ 溶液,观察现象。

(2)Ca^{2+} 离子的检验
向第二组试管中分别滴加饱和$(NH_4)_2C_2O_4$ 溶液,观察现象。

(3)Mg^{2+} 离子的检验
向第三组试管中分别滴加 2 mol·L^{-1} NaOH 溶液,再加入 1 滴镁试剂,观察有无蓝色沉淀生成。

---

① 镁试剂是对硝基偶氮间苯二酚,它在酸性溶液中呈黄色,在碱性溶液中呈红色或紫色,当被 $Mg(OH)_2$ 吸附后则呈天蓝色。

六、数据记录与处理

1. 产品外观

①粗盐_____；②精盐_____。

2. 产率

$$产率 = \frac{精盐质量(g)}{5.0\ g} \times 100\%$$

3. 产品纯度检验

检验项目	检验方法	粗盐溶液的实验现象	精盐溶液的实验现象
SO_4^{2-}			
Ca^{2+}			
Mg^{2+}			
结论			

七、问题与讨论

1. 5.0 g 食盐溶解在 25 mL 的水中，所配的溶液是否饱和？为什么不配制成饱和溶液？

2. 如何检验 SO_4^{2-} 是否沉淀完全？

3. 如何除去过量的 Ba^{2+}？

实验五　电解质溶液

一、实验目的

1. 加深理解弱电解质解离平衡的特点及移动。
2. 了解缓冲溶液的配制及性质。
3. 了解离子酸（碱）解离平衡的特点及移动。
4. 掌握沉淀平衡和溶度积规则的运用。
5. 学习离心分离操作和电动离心机的使用方法。
6. 掌握酸碱指示剂及 pH 试纸的使用方法。

二、预习与思考

1. 预习电解质溶液解离平衡原理。
2. 缓冲溶液的配制计算。
3. 预习性质实验报告的写法。
4. 预习并完成自拟实验方案。

三、实验原理

1. 一元或多元分子酸(碱)解离平衡及其移动

解离平衡是质子传递的过程。例如弱酸在水中的解离反应为

$$HA + H_2O \rightleftharpoons A^- + H_3O^+$$

$$K^\ominus(HA) = \frac{c(H_3O^+)c(A^-)}{c(HA)}$$

同离子效应：在弱电解质溶液中，加入含有共同离子的强电解质，可使弱电解质的电离度降低，这种效应称为同离子效应。

弱酸及其共轭碱(如 HAc 和 NaAc)或弱碱及其共轭酸(如 $NH_3 \cdot H_2O$ 和 NH_4Cl)所组成的溶液，能够抵抗外加少量酸、碱或稀释，维持 pH 基本不变，这种溶液叫缓冲溶液。

2. 离子酸(碱)解离平衡及其移动

离子酸(碱)与水发生质子传递，即离子酸(碱)的电离。如

$$Ac^- + H_2O \rightleftharpoons HAc + OH^-$$

$$K^\ominus(Ac^-) = \frac{c(HAc)c(OH^-)}{c(Ac^-)}$$

$$NH_4^+ + H_2O \rightleftharpoons H_3O^+ + NH_3$$

$$K^\ominus(NH_4^+) = \frac{c(H_3O^+)c(NH_3)}{c(NH_4^+)}$$

这正是离子酸(碱)水溶液发生 pH 改变的原因。有些离子酸(碱)与水反应后既能改变溶液的 pH 值，又能产生沉淀或气体。例如 $BiCl_3$ 水溶液能产生难溶的 BiOCl 白色沉淀，同时使溶液的酸性增强。反应为：

$$Bi^{3+} + Cl^- + H_2O = BiOCl\downarrow + 2H^+$$

有些离子酸和离子碱相互混合时可以加剧酸碱反应的发生。如 NH_4Cl 溶液与 Na_2CO_3 溶液混合时反应为：

$$NH_4^+ + CO_3^{2-} + H_2O = NH_3 \cdot H_2O + HCO_3^-$$

改变浓度及温度等外部条件，可使这类解离平衡发生移动。

3. 难溶电解质的多相电离平衡及其移动

用溶度积原理，可以判断沉淀的生成和溶解。加入适当过量的沉淀剂，可使沉淀更完全。难溶物在一定条件下可以转化成另一难溶物。

四、实验用品

1.仪器

试管,试管架,量筒(10 mL),烧杯(50 mL、100 mL),酒精灯,试管夹,离心机。

2.药品

HAc($0.1 \text{ mol} \cdot \text{L}^{-1}$),NaAc($0.1 \text{ mol} \cdot \text{L}^{-1}$),HCl($0.1 \text{ mol} \cdot \text{L}^{-1}$、$6 \text{ mol} \cdot \text{L}^{-1}$),NaCl($0.1 \text{ mol} \cdot \text{L}^{-1}$、$1 \text{ mol} \cdot \text{L}^{-1}$),$NH_3 \cdot H_2O$($0.1 \text{ mol} \cdot \text{L}^{-1}$、$2 \text{ mol} \cdot \text{L}^{-1}$),$NH_4Cl$($0.1 \text{ mol} \cdot \text{L}^{-1}$、固体),$Na_2CO_3$($0.1 \text{ mol} \cdot \text{L}^{-1}$),$Na_3PO_4$($0.1 \text{ mol} \cdot \text{L}^{-1}$),NaOH($0.1 \text{ mol} \cdot \text{L}^{-1}$),$NaH_2PO_4$($0.1 \text{ mol} \cdot \text{L}^{-1}$),KI($0.1 \text{ mol} \cdot \text{L}^{-1}$),$Na_2HPO_4$($0.1 \text{ mol} \cdot \text{L}^{-1}$),$Pb(NO_3)_2$($0.1 \text{ mol} \cdot \text{L}^{-1}$),$K_2CrO_4$($0.1 \text{ mol} \cdot \text{L}^{-1}$),$Al_2(SO_4)_3$($0.1 \text{ mol} \cdot \text{L}^{-1}$),$AgNO_3$($0.1 \text{ mol} \cdot \text{L}^{-1}$),$Fe(NO_3)_3$($0.1 \text{ mol} \cdot \text{L}^{-1}$),$MgCl_2$($0.1 \text{ mol} \cdot \text{L}^{-1}$),$NH_4Ac$固体,$BiCl_3$固体,甲基橙指示剂,酚酞指示剂,百里酚蓝指示剂,pH试纸等。

五、实验内容

1.同离子效应

(1)在试管中加入1 mL $0.1 \text{ mol} \cdot \text{L}^{-1}$ $NH_3 \cdot H_2O$溶液和1滴酚酞溶液,摇匀,观察溶液的颜色。再加入少量NH_4Ac固体,摇荡使其溶解,观察溶液颜色的变化。

(2)利用$0.1 \text{ mol} \cdot \text{L}^{-1}$HAc溶液,设计一个实验,证明同离子效应能使HAc的电离度下降(选用甲基橙指示剂)。

2.缓冲溶液

(1)在两支各盛2 mL蒸馏水的试管中,分别加1滴$0.1 \text{ mol} \cdot \text{L}^{-1}$HCl和$0.1 \text{ mol} \cdot \text{L}^{-1}$NaOH溶液,测定它们的pH值,并与实验前测定蒸馏水的pH相比较,记下pH值的改变。

(2)在试管中加入3 mL $0.1 \text{ mol} \cdot \text{L}^{-1}$ HAc溶液和3 mL $0.1 \text{ mol} \cdot \text{L}^{-1}$ NaAc溶液,配成HAc-NaAc缓冲溶液。加入百里酚蓝指示剂数滴,混合后观察溶液的颜色,然后把溶液分盛4支试管中,在其中3支试管中分别加入5滴$0.1 \text{ mol} \cdot \text{L}^{-1}$HCl、$0.1 \text{ mol} \cdot \text{L}^{-1}$NaOH和$H_2O$,与原配制的缓冲溶液颜色相比较,观察溶液的颜色是否变化。

(3)自拟实验

配制15 mL pH=4.4的缓冲溶液需要$0.1 \text{ mol} \cdot \text{L}^{-1}$HAc溶液和$0.1 \text{ mol} \cdot \text{L}^{-1}$NaAc溶液各多少毫升?根据计算配制,然后测定pH值,再将溶液分成3份,试验其抗酸、抗碱、抗稀释性。

3.离子酸(碱)的平衡及移动

(1)用pH试纸测定$0.1 \text{ mol} \cdot \text{L}^{-1}$下列溶液的pH值:

NaCl NH_4Cl NaAc Na_2CO_3 Na_3PO_4 Na_2HPO_4 NaH_2PO_4

(2)在两支试管中,各加入2 mL蒸馏水和3滴$0.1 \text{ mol} \cdot \text{L}^{-1}$$Fe(NO_3)_3$溶液,摇匀。将一支试管用小火加热。观察溶液颜色的变化,解释实验现象。

(3)取一支试管,加入4 mL $0.1 \text{ mol} \cdot \text{L}^{-1}$NaAc溶液,滴入1滴酚酞指示剂,摇匀,观

察溶液的颜色。将溶液分盛在两支试管中,将一支试管用小火加热至沸腾。比较两支试管中溶液的颜色,解释原因。

(4)取绿豆大小的 $BiCl_3$ 固体,加到盛有 1 mL 水的试管中,有什么现象？测其 pH 值。加 6 $mol·L^{-1}$ HCl 沉淀是否溶解？再注入水稀释又有什么现象？

(5)在装有 1 mL 0.1 $mol·L^{-1}$ $Al_2(SO_4)_3$ 溶液的试管中,加入 1 mL 0.1 $mol·L^{-1}$ Na_2CO_3 溶液,有何现象？设法证明产物是 $Al(OH)_3$ 而不是 $Al_2(CO_3)_3$。

4.沉淀的生成和溶解

(1)在试管中加入 1 mL 0.1 $mol·L^{-1}$ $Pb(NO_3)_2$ 溶液,再加入 1 mL 0.1 $mol·L^{-1}$ KI 溶液,观察有无沉淀生成。

(2)取两支试管,分别加入 5 滴 0.1 $mol·L^{-1}$ K_2CrO_4 溶液和 5 滴 0.1 $mol·L^{-1}$ NaCl 溶液,然后各逐滴加入 2 滴 0.1 $mol·L^{-1}$ $AgNO_3$ 溶液,观察沉淀的生成和颜色。

(3)在一支离心试管中加入 2 滴 0.1 $mol·L^{-1}$ K_2CrO_4 溶液和 2 滴 0.1 $mol·L^{-1}$ NaCl 溶液,取 2 mL 蒸馏水稀释。摇匀后再滴加 2 滴 0.1 $mol·L^{-1}$ $AgNO_3$ 溶液,摇匀,离心沉降,观察溶液和沉淀的颜色,继续滴加 0.1 $mol·L^{-1}$ $AgNO_3$ 溶液,观察沉淀的颜色。离心沉降,观察溶液的颜色是否变浅,根据实验确定先沉淀的是哪一种物质,与计算相符吗？

(4)在一支试管中加入 2 mL 0.1 $mol·L^{-1}$ $MgCl_2$ 溶液,滴入数滴 2 $mol·L^{-1}$ $NH_3·H_2O$,观察沉淀的生成。再向此溶液中加入少量 NH_4Cl 固体,振荡,观察沉淀是否溶解,解释现象。

(5)取一支离心试管,加入 5 滴 0.1 $mol·L^{-1}$ $Pb(NO_3)_2$ 和 1 $mol·L^{-1}$ NaCl 溶液,离心分离,弃去清液,往沉淀中逐滴加入 0.1 $mol·L^{-1}$ KI 溶液,剧烈振荡或搅拌,观察沉淀颜色的变化,并解释现象。

(6)自拟实验:实现 Ag^+-AgCl-AgI 的转化。写出实验步骤,并记录实验现象。

六、问题与讨论

1.如何配制 $FeCl_3$、$SbCl_3$ 水溶液？

2.利用平衡移动原理,判断下列物质是否可用 HNO_3 溶解？

$MgCO_3$ Ag_3PO_4 AgCl CaC_2O_4 $BaSO_4$

3.通过计算正确选择实验内容 1(2)中的指示剂。

实验六　氧化还原反应

一、实验目的

1. 了解氧化还原反应与电极电位的关系。
2. 了解影响氧化还原反应的因素。
3. 掌握一些常见氧化剂、还原剂的氧化、还原性质。

二、预习与思考

1. 预习影响氧化还原反应的因素。
2. 了解一些离子、化合物的颜色。

三、实验原理

1. 氧化还原反应进行的方向

根据热力学原理，$\Delta_r G_m < 0$ 时反应自发进行，对于氧化还原反应

$$\varphi_+ - \varphi_- = -nFE = -nF(\varphi_+ - \varphi_-)$$

若 $\varphi_+ > \varphi_-$，反应正向进行；若 $\varphi_+ = \varphi_-$，反应处于平衡状态；若 $\varphi_+ < \varphi_-$，反应逆向进行。

2. 介质对氧化还原反应的影响

主要受酸碱性的影响，介质不同，产物不同。例如，$KMnO_4$ 与 Na_2SO_3 反应：

酸性介质中：$\varphi^\ominus(MnO_4^-/Mn^{2+}) = 1.51$ V，$MnO_4^- \to Mn^{2+}$（浅肉色）

中性溶液中：$\varphi^\ominus(MnO_4^-/MnO_2) = 0.59$ V，$MnO_4^- \to MnO_2 \downarrow$（棕色）

碱性溶液中：$\varphi^\ominus(MnO_4^-/MnO_4^{2-}) = 0.56$ V，$MnO_4^- \to MnO_4^{2-}$（深绿）

3. 中间价态化合物的氧化、还原性

这类化合物既可作氧化剂，又可作还原剂。例如，H_2O_2 常作氧化剂：

$$H_2O_2 + 2H^+ + 2e^- = 2H_2O, \varphi^\ominus = 1.776 \text{ V}$$

$$HO_2^- + H_2O + 2e^- = 3OH^-, \varphi^\ominus = 0.88 \text{ V}$$

但遇强氧化剂如 $KMnO_4$（酸性条件），H_2O_2 作为还原剂：

$$H_2O_2 - 2e^- = 2H^+ + O_2, \varphi^\ominus = 0.682 \text{ V}$$

4. 沉淀对电极电位的影响

在氧化还原平衡中，若同时存在沉淀平衡，将影响氧化还原电对的电极电位，可能引

起氧化还原反应方向的改变。例如,$\varphi^{\ominus}(Cu^{2+}/Cu^{+})=0.17$ V,$\varphi^{\ominus}(I_2/2I^{-})=0.54$ V,I_2 为氧化剂,但实际上 Cu^{+} 与 I^{-} 形成 CuI 沉淀,Cu^{2+}/Cu^{+} 电极电位升高,$\varphi^{\ominus}(Cu^{2+}/CuI) > \varphi^{\ominus}(I_2/I^{-})$

$$2Cu^{2+} + 4I^{-} = 2CuI\downarrow + I_2$$

四、实验用品

1.仪器

量筒(100 mL,10 mL),烧杯(100 mL,250 mL),表面皿(8 cm,10 cm)。

2.药品

H_2SO_4(3 mol·L^{-1}),$CuSO_4$(0.1 mol·L^{-1}),HNO_3(浓,2 mol·L^{-1}),HCl(浓,2 mol·L^{-1}),$NH_3·H_2O$(浓),NaOH(1 mol·L^{-1},6 mol·L^{-1}),$FeCl_3$(0.1 mol·L^{-1}),$FeSO_4$(0.1 mol·L^{-1}),$SnCl_2$(0.2 mol·L^{-1}),KBr(0.1 mol·L^{-1}),KI(0.1 mol·L^{-1}),$KMnO_4$(0.1 mol·L^{-1}),$K_2Cr_2O_7$(0.1 mol·L^{-1}),Na_2SO_3(0.1 mol·L^{-1}),$Na_2S_2O_3$(0.1 mol·L^{-1}),H_2O_2(10%),MnO_2(固体),溴水(饱和),碘水(饱和),CCl_4,锌粒。

3.材料

淀粉-KI试纸,红色石蕊试纸。

五、实验内容

1.几种常见的氧化还原反应

(1)Fe^{3+} 的氧化性与 Fe^{2+} 的还原性:在试管中加入 5 滴 0.1 mol·L^{-1} $FeCl_3$ 溶液,再逐滴加入 0.2 mol·L^{-1} $SnCl_2$,边滴边摇动试管,直到溶液黄色褪去。发生了什么变化?

向上面的无色溶液中滴加 4~5 滴 10% H_2O_2,观察溶液颜色的变化。写出离子反应方程式。

(2)I^{-} 的还原性与 I_2 的氧化性:在试管中加入 2 滴 0.1 mol·L^{-1} KI 溶液,再加入 2 滴 3 mol·L^{-1} H_2SO_4 及 1 mL 蒸馏水,摇匀。然后逐滴加入 0.1 mol·L^{-1} $KMnO_4$ 溶液至溶液变成淡黄色。产物是什么?

在上面的溶液中加入 0.1 mol·L^{-1} $Na_2S_2O_3$ 溶液,至黄色褪去。写出离子方程式。

(3)H_2O_2 的氧化性和还原性

①氧化性

在试管中加入 2 滴 0.1 mol·L^{-1} KI 溶液和 3 滴 3 mol·L^{-1} H_2SO_4 溶液,然后加入 2~3 滴 10% H_2O_2 溶液,观察溶液颜色的变化。再加入 15 滴 CCl_4,振荡,观察 CCl_4 层的颜色,解释之。

②还原性

在试管中加入 5 滴 0.1 mol·L^{-1} $KMnO_4$ 溶液和 5 滴 3 mol·L^{-1} H_2SO_4 溶液,然后逐滴加入 10% H_2O_2,直至紫色消失。有气泡放出吗?为什么?写出离子方程式。

(4)$K_2Cr_2O_7$ 的氧化性

在试管中加入 2 滴 0.1 $mol \cdot L^{-1}$ $K_2Cr_2O_7$ 溶液,再加入 2 滴 3 $mol \cdot L^{-1}$ H_2SO_4 溶液,然后加入 0.1 $mol \cdot L^{-1}$ Na_2SO_3 溶液,观察溶液由橙变绿。写出反应式。

2.电极电位与氧化还原反应的关系

(1)将 10 滴 0.1 $mol \cdot L^{-1}$ KI 与 5 滴 0.1 $mol \cdot L^{-1}$ $FeCl_3$ 在试管中混匀,然后加入 20 滴 CCl_4,振荡后观察 CCl_4 层的颜色。

用 0.1 $mol \cdot L^{-1}$ KBr 代替 0.1 $mol \cdot L^{-1}$ KI 溶液,进行同样的实验,观察现象。

(2)向试管中加入 1 滴溴水及 5 滴 0.1 $mol \cdot L^{-1}$ $FeSO_4$ 溶液,混匀后加入 1 mL CCl_4,振荡后观察 CCl_4 层的颜色。以 I_2 水代替 Br_2 水进行同样的实验,观察现象。

根据以上四个实验的结果,比较 Br_2、Br^-,I_2、I^- 及 Fe^{3+}、Fe^{2+} 三对标准电极电位的高低,说明电极电位与氧化还原反应方向的关系。

3.介质的酸碱性对氧化还原反应的影响

(1)取 3 支试管,分别加入 1 滴 0.1 $mol \cdot L^{-1}$ $KMnO_4$ 溶液,在第一支试管中加入 4 滴 3 $mol \cdot L^{-1}$ H_2SO_4 溶液,第二支试管中加入 4 滴 6 $mol \cdot L^{-1}$ NaOH 溶液,第 3 支试管中加入 4 滴蒸馏水,然后在 3 支试管中各加入 4~5 滴 0.1 $mol \cdot L^{-1}$ Na_2SO_3 溶液,摇匀后观察各试管有何变化。做出结论,写出反应的离子方程式。

(2)在试管中加入 4 滴 0.1 $mol \cdot L^{-1}$ $K_2Cr_2O_7$ 溶液,加入 1 滴 1 $mol \cdot L^{-1}$ NaOH 溶液,再加入 10 滴 0.1 $mol \cdot L^{-1}$ Na_2SO_3 溶液,观察溶液颜色变化,为什么?再继续加入 10 滴 3 $mol \cdot L^{-1}$ H_2SO_4 溶液,观察溶液颜色变化(橙→黄→橙→绿),写出离子反应方程式。

4.浓度对氧化还原反应的影响

(1)取少量固体 MnO_2,加入试管中,滴入 5 滴 2 $mol \cdot L^{-1}$ HCl 溶液,观察现象。用淀粉-KI 试纸检查是否有 Cl_2 产生。

以浓 HCl 代替 2 $mol \cdot L^{-1}$ HCl 进行实验,结果如何?有 Cl_2 产生吗?(此反应宜在通风橱中进行。)

(2)向两支分别装有 2 mL 浓 HNO_3 和 2 mL 2 $mol \cdot L^{-1}$ HNO_3 溶液的试管中各加入一小粒锌,观察现象。产物有何不同?浓硝酸的还原物可以从气体颜色上判断,稀硝酸的还原产物可以用检验溶液中有无 NH_4^+ 的方法来确定。

NH_4^+ 的气室法检验:取一小块用水浸湿的红色石蕊试纸,贴在 8 cm 表面皿的凹心上,备用。用滴管滴 5 滴待检液于 10 cm 表面皿的中心,加 5~6 滴 6 $mol \cdot L^{-1}$ NaOH 溶液,混匀后迅速用贴有湿润石蕊试纸的 8 cm 表面皿扣上,构成气室。将此气室放在水浴上微热 2~3 min,若石蕊试纸变蓝或边缘部分微显蓝色,即表示有 NH_4^+ 存在。

5.沉淀对氧化还原反应的影响

在试管中加入 10 滴 0.1 $mol \cdot L^{-1}$ $CuSO_4$ 溶液,再加入 10 滴 0.1 $mol \cdot L^{-1}$ KI 溶液,观察沉淀的生成;再加入 15 滴 CCl_4 溶液,充分振荡,观察 CCl_4 层的颜色有何变化。写出反应式。

六、问题与讨论

1. 氧化还原反应进行的方向由什么判断？其影响因素又有哪些？
2. 从 $KMnO_4$、$K_2Cr_2O_7$、HNO_3（浓）、H_2O_2、Cl_2 水中选一个最佳试剂，实现 $PbS \rightarrow PbSO_4$ 的转化，并说明理由。
3. 说明 $K_2Cr_2O_7$ 和 K_2CrO_4 在溶液中的相互转化，比较它们的氧化能力。

实验七　难溶无机化合物的溶解

一、实验目的

1. 掌握无机化合物的性质。
2. 学习难溶无机化合物的溶解方法。

二、预习与思考

预习难溶化合物的溶解方法。

三、实验原理

用不同方法使难溶无机化合物进入水溶液是无机化学实验中的一项重要操作。根据溶度积规则，采用不同措施，利用离子反应以降低溶液中组成离子的浓度可使这些化合物溶解于水。某些物质则必须采用熔融转化的方法使之成为可溶性物质。例如，α-Al_2O_3、灼烧后的 Cr_2O_3、β-H_2SnO_3、β-H_2TiO_3 等，用酸碱试剂都不能使之溶解。通常采用碱熔或盐熔法使它们转变成可溶性的盐：

$$Al_2O_3(s) + 2NaOH(s) \xrightarrow{熔融} 2NaAlO_2 + H_2O$$

$$Cr_2O_3(s) + 3K_2S_2O_7 \xrightarrow{熔融} Cr_2(SO_4)_3 + 3K_2SO_4$$

$$H_2SnO_3(s) + 2NaOH(s) \xrightarrow{熔融} Na_2SnO_3 + 2H_2O$$

$$H_2TiO_3(s) + 2NaOH(s) \xrightarrow{熔融} Na_2TiO_2 + 2H_2O$$

生成的 $NaAlO_2$、$Cr_2(SO_4)_3$、Na_2SnO_3、Na_2TiO_2 均可溶于水。

四、实验用品

1.仪器

离心机,铁坩埚,泥三角,酒精灯,铁三脚架,坩埚钳。

2.药品

HNO_3(2.0 mol·L^{-1},6.0 mol·L^{-1},浓),HCl(2.0 mol·L^{-1},6.0 mol·L^{-1},浓),H_2SO_4(2.0 mol·L^{-1}),NaOH(2.0 mol·L^{-1}),$NH_3·H_2O$(2.0 mol·L^{-1},6.0 mol·L^{-1}),$AgNO_3$(0.1 mol·L^{-1}),$Pb(NO_3)_2$(0.1 mol·L^{-1}),$Cd(NO_3)_2$(0.1 mol·L^{-1}),$CuSO_4$(0.1 mol·L^{-1}),NaCl(0.1 mol·L^{-1}),$BaCl_2$(0.1 mol·L^{-1}),$AlCl_3$(0.1 mol·L^{-1}),$FeCl_3$(0.1 mol·L^{-1}),$ZnCl_2$(0.1 mol·L^{-1}),$SnCl_4$(0.1 mol·L^{-1}),KBr(0.1 mol·L^{-1}),KI(0.1 mol·L^{-1},2.0 mol·L^{-1}),Na_2S(0.1 mol·L^{-1}),Na_2SiO_3(0.5 mol·L^{-1}),Na_2CO_3(饱和),$(NH_4)_2C_2O_4$(0.1 mol·L^{-1}),$Na_2S_2O_3$(0.1 mol·L^{-1}),$CaCO_3$(固体),ZnO(固体),α-Al_2O_3(固体),Cr_2O_3(灼烧过的),$K_2S_2O_7$(固体),NaOH(固体),$Bi(NO_3)_3$(固体)。

3.材料

$Pb(Ac)_2$试纸,pH试纸。

五、实验内容

1.酸碱溶解法

(1)酸溶解

①取 1 mL $FeCl_3$ 溶液(0.1 mol·L^{-1})于试管中,加 NaOH 溶液(2.0 mol·L^{-1})至有大量红棕色沉淀生成。离心分离,弃去清液,向沉淀中滴加 HCl 溶液(2.0 mol·L^{-1}),观察沉淀的溶解。

②在 0.5 mL $ZnCl_2$ 溶液(0.1 mol·L^{-1})中滴加 Na_2S 溶液(0.1 mol·L^{-1}),有白色沉淀生成。离心分离,弃去清液,在沉淀中滴加 HCl 溶液(2.0 mol·L^{-1}),观察沉淀的溶解。

③用 HNO_3 溶液(2.0 mol·L^{-1})溶解 $Bi(NO_3)_3$ 的水解产物。

④向 1 mL $CuSO_4$ 溶液(0.1 mol·L^{-1})中滴加 NaOH 溶液(2.0 mol·L^{-1})至有浅蓝色沉淀生成,加热至沉淀变为黑色。离心分离,弃去清液,在沉淀中滴加 H_2SO_4 溶液(2.0 mol·L^{-1}),沉淀是否溶解?

⑤取少量的 $CaCO_3$(s)于试管中,滴加 HCl 溶液(2.0 mol·L^{-1}),有何现象?

⑥取几滴 $BaCl_2$ 溶液(0.1 mol·L^{-1})于试管中,加几滴 $(NH_4)_2C_2O_4$ 溶液(0.1 mol·L^{-1}),有何现象?离心分离,弃去清液,在沉淀中滴加 HCl(6.0 mol·L^{-1}),沉淀是否溶解?

(2)碱溶解

①在 2 mL Na_2SiO_3 溶液(0.5 mol·L^{-1})中,滴加 HCl 溶液(6.0 mol·L^{-1})至 pH 值为 5~10,微热至出现胶冻状物,然后滴加 NaOH 溶液(2.0 mol·L^{-1}),观察现象。

②取少量 ZnO(s)于试管中,滴加 NaOH 溶液(2.0 mol·L⁻¹),有何现象?

③在 1 mL AlCl₃ 溶液(0.1 mol·L⁻¹)中,滴加 NH₃·H₂O 溶液(6.0 mol·L⁻¹)至有大量白色沉淀生成。离心分离,在沉淀中滴加 NaOH 溶液(2.0 mol·L⁻¹),沉淀是否溶解?

2. 配位溶解法

(1)在 AgNO₃ 溶液(0.1 mol·L⁻¹)中加 NaCl 溶液(0.1 mol·L⁻¹),离心分离,在沉淀中加 NH₃·H₂O 溶液(2.0 mol·L⁻¹)至沉淀全部溶解。

(2)分别以 KBr 溶液(0.1 mol·L⁻¹)和 KI 溶液(0.1 mol·L⁻¹)代替 NaCl 溶液(0.1 mol·L⁻¹),并以 Na₂S₂O₃ 溶液(0.1 mol·L⁻¹)和 KI 溶液(2.0 mol·L⁻¹)代替 NH₃·H₂O 溶液(2.0 mol·L⁻¹),重复实验 2(1)。

(3)在 2 滴 SnCl₄ 溶液(0.1 mol·L⁻¹)中加入 2 滴 Na₂S 溶液(0.1 mol·L⁻¹),有何现象?再多加几滴 Na₂S,情况又怎样?

3. 氧化还原溶解法

(1)取 5 滴 CuSO₄ 溶液(0.1 mol·L⁻¹)于试管中,加 5 滴 Na₂S 溶液(0.1 mol·L⁻¹),有黑色沉淀生成。离心分离,在沉淀中加入 2 mL HNO₃ 溶液(6.0 mol·L⁻¹),加热,观察沉淀的溶解。

(2)以 AgNO₃ 溶液(0.1 mol·L⁻¹)代替 CuSO₄ 溶液(0.1 mol·L⁻¹),并以 HNO₃(浓)代替 HNO₃ 溶液(6.0 mol·L⁻¹),重复实验 3(1)。

4. 协同溶解法

(1)在 5 滴 Cd(NO₃)₂ 溶液(0.1 mol·L⁻¹)中加入 5 滴 Na₂S 溶液(0.1 mol·L⁻¹),有何现象?离心分离,在沉淀中加入 HCl 溶液(2.0 mol·L⁻¹),是否溶解?再加入 HCl 溶液(6.0 mol·L⁻¹),又有何现象?

(2)以 Pb(NO₃)₂ 溶液(0.1 mol·L⁻¹)代替 Cd(NO₃)₂ 溶液(0.1 mol·L⁻¹),并以 HCl(浓)代替 HCl 溶液(6.0 mol·L⁻¹),重复实验 4(1)。

5. 沉淀转化溶解法

在 5 滴 BaCl₂ 溶液(0.1 mol·L⁻¹)中加入 2 滴 H₂SO₄ 溶液(2.0 mol·L⁻¹),加水至 2 mL 左右,离心分离,弃去清液,将沉淀用去离子水洗涤 2~3 次。加入 2 mL 左右 Na₂CO₃ 溶液(饱和),充分搅拌,离心分离,清液转移到另一支干净的试管中,检查 SO_4^{2-}。在沉淀中加 2 mL Na₂CO₃ 溶液(饱和),充分搅拌,离心分离,弃去清液,再用去离子水洗涤沉淀 2~3 次,加 HCl 溶液(2.0 mol·L⁻¹),有何现象?

6. 熔融转化溶解法

(1)称取 2 g α-Al₂O₃(s)和 2 g NaOH(s)于铁坩埚内,混合均匀后,加热至熔融状态,继续加热 1~2 min,冷却至室温,用水溶解。

(2)取 1 g 灼烧后的 Cr₂O₃(s)和 5 g K₂S₂O₇(s)于坩埚内,混合均匀后,加热至熔融状态,片刻后,冷却至室温,再用水溶解。

实验八　配位化合物

一、实验目的

1. 比较配位化合物与简单化合物和复盐的区别。
2. 了解配位平衡与沉淀反应、氧化还原反应、溶液酸碱性的关系。
3. 了解螯合物的形成条件。

二、预习与思考

1. 预习配位化合物的结构与性质。
2. 思考配位平衡与沉淀反应、氧化还原反应、溶液酸碱性的关系。

三、实验原理

1. 配位化合物和配离子的形成

由一个简单的正离子作为形成体与几个中性分子或他种负离子作为配位体形成的复杂离子,叫作配离子。带正电荷的配离子叫正配离子,带负电荷的配离子叫负配离子,含配离子的化合物就是配位化合物。

2. 配离子的稳定平衡常数

配位化合物为强电解质,在水溶液中完全电离成内界(配离子)和外界,如:

$$[Cu(NH_3)_4]SO_4 = [Cu(NH_3)_4]^{2+} + SO_4^{2-}$$

配离子是弱电解质,在水溶液中部分电离,如:

$$[Cu(NH_3)_4]^{2+} \rightleftharpoons Cu^{2+} + 4NH_3$$

平衡常数表达式:

$$K_{不稳} = \frac{[Cu^{2+}][NH_3]^4}{[Cu(NH_3)_4^{2+}]}$$

3. 配离子的解离平衡

配离子的解离是一种化学平衡,当改变某物质的浓度时,平衡会发生移动。

解离平衡移动的方向:向着生成 $K_{稳}$ 更大(更难解离)的配离子方向移动。

4. 螯合物的形成和特性

一个配位体中有两个或多个原子(多基配体)同时与一个中心离子进行配位,所形成的环状结构化合物叫作螯合物。

常见的多基配体有乙二胺(en)、丁二酮肟。

$$Ni^{2+} + 2 \begin{array}{c} CH_2-C=NOH \\ CH_3-C=NOH \end{array} \longrightarrow \begin{array}{c} \text{[丁二酮肟合镍配合物结构式]} \end{array} + 2H^+$$

四、实验用品

1. 仪器

试管,离心试管,漏斗,离心机,酒精灯,白瓷点滴板,滴管。

2. 药品

H_2SO_4(2 mol·L^{-1}),HCl(1 mol·L^{-1}、浓),$NH_3·H_2O$(2 mol·L^{-1}、6 mol·L^{-1}),NaOH(0.1 mol·L^{-1}、2 mol·L^{-1}),$CuSO_4$(0.1 mol·L^{-1}),KI(0.1 mol·L^{-1}),$BaCl_2$(0.1 mol·L^{-1}),$K_3Fe(CN)_6$(0.1 mol·L^{-1}),$NH_4Fe(SO_4)_2$(0.1 mol·L^{-1}),$FeCl_3$(0.1 mol·L^{-1}),KSCN(0.1 mol·L^{-1}、1 mol·L^{-1}),NH_4F(2 mol·L^{-1}),$(NH_4)_2C_2O_4$(饱和),$AgNO_3$(0.1 mol·L^{-1}),NaCl(0.1 mol·L^{-1}),KBr(0.1 mol·L^{-1}),$Na_2S_2O_3$(0.1 mol·L^{-1}、饱和),Na_2S(0.1 mol·L^{-1}),$FeSO_4$(0.1 mol·L^{-1}),$NiSO_4$(0.1 mol·L^{-1}),$CoCl_2$(0.1 mol·L^{-1}、2 mol·L^{-1}),$CrCl_3$(0.1 mol·L^{-1}),EDTA(0.1 mol·L^{-1}),乙醇(95%),CCl_4,邻二氮菲(0.25%),丁二酮肟(1%),乙醚,丙酮。

五、实验内容

1. 配位化合物的生成和组成

(1) 配位化合物的生成

在试管中加入 1 mL 0.1 mol·L^{-1} $CuSO_4$,再逐滴加入 2 mol·L^{-1} 氨水溶液,观察现象。继续滴加氨水至沉淀溶解而形成深蓝色溶液,然后加入 2 mL 95% 乙醇,振荡试管,有何现象? 静置 2 min,过滤,分出晶体。在滤纸上逐滴加入 2 mol·L^{-1} $NH_3·H_2O$ 溶液使晶体溶解,在漏斗下端放一支试管承接此溶液,保留备用。写出相应反应方程式。

(2) 配位化合物的组成

将上述溶液分成两份,在一支试管中滴入 2 滴 0.1 mol·L^{-1} $BaCl_2$ 溶液,另一支试管滴入 2 滴 0.1 mol·L^{-1} NaOH 溶液,观察现象,写出离子方程式。

另取两支试管,各加入 5 滴 0.1 mol·L^{-1} $CuSO_4$ 溶液,然后分别向试管中滴入 2 滴 0.1 mol·L^{-1} $BaCl_2$ 溶液和 2 滴 0.1 mol·L^{-1} NaOH 溶液,观察现象,写出离子方程式。

比较两个实验结果,分析该配位化合物的内界和外界组成,写出相应离子方程式。

2.配位化合物与简单化合物、复盐的区别

(1)在一支试管中加入 10 滴 0.1 mol·L^{-1} FeCl$_3$ 溶液,再滴加 2 滴 0.1 mol·L^{-1} KSCN 溶液,观察溶液呈何颜色。

(2)用 0.1 mol·L^{-1} K$_3$Fe(CN)$_6$ 溶液代替 FeCl$_3$ 溶液,同法进行实验,观察现象是否相同。

(3)如何用实验证明硫酸铁铵是复盐,请设计步骤并进行实验。

提示:取 3 支试管,各加入 5 滴 0.1 mol·L^{-1} NH$_4$Fe(SO$_4$)$_2$ 溶液,分别用相应方法鉴定 NH$_4^+$、Fe^{3+}、SO$_4^{2-}$ 的存在。

3.配位平衡及其移动

(1)配位平衡

在 3 支各加入少量自制的[Cu(NH$_3$)$_4$]SO$_4$ 溶液的试管中,分别滴加 2 滴 0.1 mol·L^{-1} BaCl$_2$ 溶液、2 滴 0.1 mol·L^{-1} NaOH 溶液、2 滴 0.1 mol·L^{-1} Na$_2$S 溶液,观察现象,说明原因。

(2)配位化合物的取代反应

在一支试管中,加入 10 滴 0.1 mol·L^{-1} FeCl$_3$ 溶液和 1 滴 0.1 mol·L^{-1} KSCN 溶液,观察溶液颜色。向其中滴加 2 mol·L^{-1} NH$_4$F 溶液,溶液颜色又如何变化?再滴入饱和(NH$_4$)$_2$C$_2$O$_4$ 溶液,溶液颜色又怎样变化?简单解释上述现象,并写出离子方程式。

(3)配位平衡与酸碱平衡

①取 2 支试管,各加入少量自制的[Cu(NH$_3$)$_4$]SO$_4$ 溶液,一支逐滴加入 1 mol·L^{-1} HCl 溶液,另一支滴加 2 mol·L^{-1} NaOH 溶液,观察现象,说明配离子[Cu(NH$_3$)$_4$]$^{2+}$ 在酸性和碱性溶液中的稳定性,写出有关的离子方程式。

②在一支试管中,先加入 10 滴 0.1 mol·L^{-1} FeCl$_3$ 溶液,再逐滴滴加 2 mol·L^{-1} NH$_4$F 溶液至溶液颜色呈无色。将此溶液分成两份,分别逐滴加入 1 mol·L^{-1} HCl 和 2 mol·L^{-1} NaOH 溶液,观察现象,说明配位化合物离子[FeF$_6$]$^{3-}$ 在酸性和碱性溶液中的稳定性,写出有关的离子方程式。

(4)配位平衡与沉淀平衡

在一支离心试管中加入 2 滴 0.1 mol·L^{-1} AgNO$_3$ 溶液,按下列步骤进行实验:

①逐滴加入 0.1 mol·L^{-1} NaCl 溶液至沉淀刚生成;

②逐滴加入 6 mol·L^{-1} 氨水至沉淀恰好溶解;

③逐滴加入 0.1 mol·L^{-1} KBr 溶液至刚有沉淀生成;

④逐滴加入 0.1 mol·L^{-1} Na$_2$S$_2$O$_3$ 溶液,边滴边剧烈振摇至沉淀恰好溶解;

⑤逐滴加入 0.1 mol·L^{-1} KI 溶液至沉淀刚生成;

⑥逐滴加入饱和 Na$_2$S$_2$O$_3$ 溶液至沉淀恰好溶解;

⑦逐滴加入 0.1 mol·L^{-1} Na$_2$S 溶液至沉淀刚生成。

写出每一步有关的离子方程式,比较几种沉淀的溶度积大小和几种配离子稳定常数大小,讨论配位平衡与沉淀平衡的关系。

(5)配位平衡与氧化还原反应

取两支试管,各加 5 滴 0.1 mol·L^{-1} FeCl$_3$ 溶液及 10 滴 CCl$_4$,然后往一支试管中滴

入 2 mol·L^{-1} NH$_4$F 溶液至溶液变为无色,另一支试管中滴入几滴蒸馏水,摇匀后在两支试管中再滴入 5 滴 0.1 mol·L^{-1} KI 溶液,振荡后比较两试管中 CCl$_4$ 层颜色,解释现象并写出离子方程式。

4.配位化合物的活动性

取一支试管,加入 10 滴 0.1 mol·L^{-1} CrCl$_3$ 和 2 mL 0.1 mol·L^{-1} EDTA 溶液,摇匀,是否有配位化合物生成?将溶液加热,观察现象并解释。

5.配位化合物的水合异构现象

(1)取一支试管,加入 0.5 mL 0.1 mol·L^{-1} CrCl$_3$ 溶液,加热,观察溶液颜色变化,然后将溶液冷却,观察现象并解释。

反应方程式如下:$[Cr(H_2O)_6]^{3+} + 2Cl^- \rightleftharpoons [Cr(H_2O)_4Cl_2]^+ + 2H_2O$

(2)取一支试管,加入 0.5 mL 2 mol·L^{-1} CoCl$_2$ 溶液,加热,观察溶液颜色变化,然后将溶液冷却,观察现象并解释。

反应方程式如下:
$$[Co(H_2O)_6]^{2+} + 4Cl^- \rightleftharpoons [Co(H_2O)_2Cl_4]^{2-} + 4H_2O$$

6.配位化合物的应用

(1)取两支试管,各加 10 滴自制的 K$_3$[Fe(SCN)$_6$]、[Cu(NH$_3$)$_4$]SO$_4$ 溶液,然后分别滴加 0.1 mol·L^{-1} EDTA 溶液,观察现象并解释。

(2)在小试管中(或白瓷点滴板上),滴加一滴 0.1 mol·L^{-1} FeSO$_4$ 溶液及 3 滴 0.25% 邻二氮菲溶液,观察现象。此反应可作为 Fe^{2+} 离子的鉴定反应。

(3)在试管中加入 2 滴 0.1 mol·L^{-1} NiSO$_4$ 溶液及 1 滴 2 mol·L^{-1} NH$_3$·H$_2$O 和 2 滴丁二酮肟溶液,观察现象。此反应可作为 Ni^{2+} 离子的鉴定反应。

(4)在鉴定和分离离子时,常常利用形成配位化合物的方法来掩蔽干扰离子。例如 Co^{2+} 和 Fe^{3+} 共存时,采用 NH$_4$F 来掩蔽 Fe^{3+},不需分离即可用 KSCN 法鉴定 Co^{2+}。

在一支试管中加入 2 滴 0.1 mol·L^{-1} CoCl$_2$ 溶液和几滴 1 mol·L^{-1} KSCN,再加一些戊醇(或丙酮),观察现象。

在一支试管中加入 1 滴 0.1 mol·L^{-1} FeCl$_3$ 溶液和 5 滴 0.1 mol·L^{-1} CoCl$_2$ 溶液,加几滴 1 mol·L^{-1} KSCN,有何现象?逐滴加入 2 mol·L^{-1} NH$_4$F 溶液,并振摇试管,观察现象;等溶液的血红色褪去后,加一些戊醇(或丙酮),振摇,静置,观察戊醇层颜色。

六、注意事项

1.在性质实验中,一般来说,在生成沉淀的步骤,沉淀量要少,即刚观察到沉淀生成就可以了;在使沉淀溶解的步骤,加入试液越少越好,即使沉淀恰好溶解为宜。因此,溶液必须逐滴加入,且边滴边摇,若试管中溶液量太多,可在生成沉淀后,离心沉降,弃去清液,再继续实验。

2.NH$_4$F 试剂对玻璃有腐蚀作用,贮存时最好放在塑料瓶中。

3.配位化合物的活动性是指配位化合物在反应速度方面的性能。Cr-EDTA 配位化合物的稳定性相当高($\lg K_s = 21$),但反应速度较慢。在室温下很少发生反应,必须在 EDTA 过量且加热煮沸下才能形成相应配位化合物。

七、问题与讨论

1. 试总结影响配位平衡的主要因素。
2. 配位化合物与复盐的区别是什么?
3. 实验中所用 EDTA 是什么物质? 它与单基配体相比有何特点?
4. 为什么 Na_2S 不能使 $K_4Fe(CN)_6$ 产生 FeS 沉淀,而饱和的 H_2S 溶液能使 $[Cu(NH_3)_4]SO_4$ 溶液产生 CuS 沉淀?

实验九 酸碱溶液的配制和比较滴定

一、实验目的

1. 掌握间接法配制酸、碱溶液的方法。
2. 学会酸(碱)式滴定管的洗涤和滴定操作方法。
3. 掌握酸碱滴定终点的正确判断。

二、预习与思考

1. 预习本书 3.4.4 节"滴定管"。
2. 预习酸碱滴定的基本原理和滴定曲线。
3. 思考:
(1) 如何正确使用酸碱滴定管? 应如何选择指示剂?
(2) 配制酸和碱标准溶液时,为什么用量筒量取盐酸和用台秤称取固体 NaOH,而不用移液管和分析天平? 配制的溶液浓度应取几位有效数字? 为什么?

三、实验原理

NaOH 易吸收空气中的水蒸气和 CO_2,盐酸则易挥发放出 HCl 气体,因此都不能直接配制准确浓度的溶液,通常是先将它们配成近似浓度,然后通过比较滴定和标定来确定它们的准确浓度,其浓度一般在 $0.1\ mol \cdot L^{-1}$ 左右,具体浓度可以根据需要选择。

酸碱比较滴定一般是指用酸标准溶液滴定碱标准溶液的操作过程。当 HCl 和 NaOH 溶液反应达到等量点时,根据等物质的量规则,有:

$$c(HCl) \cdot V(HCl) = c(NaOH) \cdot V(NaOH),即 \frac{c(HCl)}{c(NaOH)} = \frac{V(NaOH)}{V(HCl)}$$

因此,只要标定其中任何一种溶液的浓度,就可以通过比较滴定的结果(体积比),算出另一种溶液的准确浓度。

四、实验用品

1.仪器

500 mL 试剂瓶,50.00 mL 滴定管(酸式、碱式),250 mL 锥形瓶,10.0 mL 量筒,25.00 mL 移液管。

2.药品

浓盐酸,NaOH 固体,甲基橙,酚酞。

五、实验内容

1.配制 0.1 mol·L^{-1} HCl 溶液 500 mL

用小量筒量取浓盐酸(相对密度 1.19,含 HCl 约 37%,浓度约为 12 mol·L^{-1})溶液 _____ mL(自己计算,下同),用水稀释成 500 mL,将溶液转入带玻璃塞的试剂瓶中,充分摇匀,贴好标签(包括溶液名称、浓度、配制人、配制时间等内容)。

2.配制 0.1 mol·L^{-1} NaOH 标准溶液 500 mL

用洁净干燥的表面皿在台秤上快速称取 NaOH 固体 _____ g,转入烧杯中,加 100 mL 无 CO_2 蒸馏水溶解,然后稀释成 500 mL,将溶液转入带橡皮塞的试剂瓶或塑料瓶中,摇匀,贴好标签。

3.滴定基本操作练习和酸碱溶液的比较滴定

用移液管移取 NaOH 溶液 25.00 mL,注入 250 mL 锥形瓶中,加入甲基橙指示剂 2 滴,用 HCl 溶液滴定。滴定时应不断摇动锥形瓶,直到加入半滴或 1 滴 HCl 溶液,使溶液的颜色由黄色恰好转变为橙色并 30 s 内不褪色为止。每次滴定前,都要把酸式滴定管装到"0"刻度或"0"刻度稍下的位置,静止 1 min 后,准确读取滴定管内液面位置,并立即记录数据。要求 3 次测定结果的相对平均偏差小于 0.2%。

以酚酞为指示剂,用 NaOH 溶液滴定 HCl 溶液,终点由无色转变为微红色,其他步骤同上。

六、数据记录及处理

1.HCl 溶液滴定 NaOH 溶液(指示剂:甲基橙;终点颜色:由黄色变为橙色)

测定次数	I	II	III
V(NaOH)/mL			
初读数 V_1(HCl)/mL			
终读数 V_2(HCl)/mL			

续表

测定次数	I	II	III
$\Delta V(\text{HCl})/\text{mL}$			
$V(\text{NaOH})/V(\text{HCl})$			
$V(\text{NaOH})/V(\text{HCl})$ 平均值			
d_i			
$\overline{d}_r$			

2.NaOH 溶液滴定 HCl 溶液(指示剂:酚酞;终点颜色:由无色变为微红色)

测定次数	I	II	III
$V(\text{HCl})/\text{mL}$			
初读数 $V_1(\text{NaOH})/\text{mL}$			
终读数 $V_2(\text{NaOH})/\text{mL}$			
$\Delta V(\text{NaOH})/\text{mL}$			
$V(\text{HCl})/V(\text{NaOH})$			
$V(\text{HCl})/V(\text{NaOH})$ 平均值			
d_i			
$\overline{d}_r$			

七、问题与讨论

1.配制酸碱溶液时,所加水的体积是否需要很准确?

2.市售 NaOH 试剂中常有少量的 Na_2CO_3 杂质,它与酸作用即生成 CO_2,这对滴定终点有无影响? 在配制 NaOH 标准溶液时,应采取什么措施?

3.分析纯的 NaOH 和 HCl 试剂能否直接用于配制成相应的标准溶液?

4.酸式滴定管未洗涤干净挂有水珠,对滴定时所产生的误差有何影响? 滴定时用少量水吹洗锥形瓶壁,对结果有无影响?

实验十　HCl 标准溶液的标定

一、实验目的

1.继续练习分析天平的使用。

2.学习以 Na_2CO_3 基准物质标定 HCl 溶液的方法。

3.进一步熟练滴定操作技术。

二、预习与思考

1.预习酸碱滴定中常用酸碱指示剂变色原理及范围。
2.思考：
(1)标定 HCl 的基准物质常见的有哪几种？
(2)本实验中使用的锥形瓶，其内壁是否需要预先干燥？为什么？

三、实验原理

浓 HCl 有挥发性，因此标准溶液用间接法配制。实验配制的酸标准溶液，它们的浓度都是近似的，必须经过标定来确定它们的准确浓度。

标定 HCl 的基准物质常用无水 Na_2CO_3 和硼砂($Na_2B_4O_7 \cdot 10H_2O$)。用 Na_2CO_3 标定 HCl 时，反应式如下：$Na_2CO_3 + 2HCl = CO_2\uparrow + 2NaCl + H_2O$。等量点时，由于产物是 H_2CO_3，溶液 pH≈4，因此可以选用甲基橙作指示剂。

四、实验用品

1.仪器
酸式滴定管，锥形瓶(3 个)，称量瓶，分析天平。
2.试剂
0.1 mol·L^{-1} HCl，甲基橙，Na_2CO_3(无水)。

五、实验内容

用差减称量法准确称取 0.15～0.20 g 基准试剂 Na_2CO_3(无水)3 份于 3 个锥形瓶中，各加 20～30 mL 蒸馏水溶解后，加 1～2 滴甲基橙指示剂，分别用配制的 HCl 标准溶液滴定至溶液由黄色变为橙色，即为终点。根据下式计算 HCl 的浓度：

$$c(HCl) = \frac{2 \times m(Na_2CO_3)}{\frac{V(HCl)}{1\,000} \times M(Na_2CO_3)}$$

要求标定结果的相对平均偏差小于 0.2%，否则应重新标定。

六、数据记录及处理

测定次数		I	II	III
Na$_2$CO$_3$ 质量	m_1/g			
	m_2/g			
	m/g			
初读数 V_1(HCl)/mL				
终读数 V_2(HCl)/mL				
ΔV(HCl)/mL				
c(HCl)/(mol·L^{-1})				
$\bar{c}$(HCl)				
d_i				
$\bar{d}_r$				

七、问题与讨论

1. 溶解基准物质时所加蒸馏水的量是否需要准确？为什么？
2. 在重复滴定时，为什么要将标准溶液加至滴定管零点或接近零点处？

实验十一　EDTA 标准溶液的配制和标定

一、实验目的

1. 学习 EDTA 标准溶液的配制和标定方法。
2. 了解配位滴定的特点、金属指示剂的使用及终点颜色变化。

二、预习与思考

1. 预习配位滴定法的基本原理。
2. 预习 EDTA 的相关性质以及标准溶液配制和标定的原理与方法。
3. 预习金属指示剂的性质和作用原理。

4.思考:

(1)为什么通常使用乙二胺四乙酸二钠盐配制 EDTA 标准溶液,而不用乙二胺四乙酸?

(2)配位滴定法与酸碱滴定法相比,有哪些不同点?操作中应注意哪些问题?

三、实验原理

乙二胺四乙酸(简称 EDTA)难溶于水,常温下溶解度为 $0.0007\ mol \cdot L^{-1}$(约 $0.2\ g \cdot L^{-1}$),不适合分析中应用。其二钠盐溶解度较大,为 $0.3\ mol \cdot L^{-1}$(约 $120\ g \cdot L^{-1}$),故通常用乙二胺四乙酸二钠盐(亦称 EDTA)配制标准溶液,一般采用标定法配制 EDTA 标准溶液。因 EDTA 能与大多数金属离子形成 1:1 的稳定配位化合物,所以可以用含有金属离子(或溶解后含有金属离子)的基准物质如 Zn、Cu、Pb、$CaCO_3$、$MgSO_4 \cdot 7H_2O$ 等,在一定 pH 条件下,选择适当的指示剂来标定。一般选用与被测组分含有相同金属离子的基准物质进行标定,这样分析条件相同,误差可以减小。

本实验选用 $CaCO_3$ 作基准物质,加 0.1 g EBT(铬黑 T)指示剂,在 $NH_3 \cdot H_2O$-NH_4Cl 缓冲溶液(pH≈10)中进行标定,其反应如下:

滴定前:$Ca^{2+} + In^{3-}$(金属指示剂,纯蓝色)$\rightleftharpoons [CaIn]^-$(酒红色配位化合物)

滴定开始至终点前:$Ca^{2+} + Y^{4-} \rightleftharpoons [CaY]^{2-}$(无色配位化合物)

终点时:$[CaIn]^-$(酒红色)$+ Y^{4-} \rightleftharpoons [CaY]^{2-}$(无色)$+ In^{3-}$(纯蓝色)

四、实验用品

1.仪器

500 mL 细口瓶,50 mL 滴定管,250 mL 锥形瓶,25 mL 移液管,烧杯,分析天平。

2.试剂

(1)乙二胺四乙酸二钠(固体)。

(2)氨性缓冲溶液(pH=10):称取 54 g NH_4Cl 固体溶解于水中,加 350 mL 浓氨水,用水稀释至 1 L。

(3)EBT:先称 100 g NaCl,在 105~106 ℃下烘干,磨细后加入 1.0 g 铬黑 T,再研磨混合均匀,保存在棕色瓶中。

(4)盐酸(1:1)。

(5)$CaCO_3$ 基准试剂:120 ℃干燥 2 h。

五、实验内容

1.EDTA 标准溶液的配制

称取分析纯 EDTA(含二分子结晶水)约 1.9 g 于 250 mL 烧杯中,加蒸馏水 150 mL,加热溶解,必要时过滤。冷却后用蒸馏水稀释至 500 mL,摇匀,保存在细口瓶中,浓度约为 0.01 mol·L^{-1}。

2. EDTA 标准溶液的标定

准确称取 CaCO$_3$ 0.25～0.30 g 于小烧杯中,先用少量的水润湿,盖上干净的表面皿,再从杯嘴边逐滴滴加(为什么?)1:1 HCl,直到 CaCO$_3$ 固体溶解为止,用水把可能溅到表面皿上的溶液淋洗入杯中,加热近沸以除去 CO$_2$。待冷却后,将溶液定量转移 250 mL 容量瓶中,用水稀释至刻度,摇匀。

用移液管平行移取 25.00 mL 标准钙溶液 3 份,分别加入 250 mL 锥形瓶中,加入 20 mL pH=10 的氨性缓冲溶液,再加入少量(约米粒大小)EBT 指示剂,用 EDTA 溶液标定,溶液由酒红色变为纯蓝色即为终点。计算 EDTA 溶液的准确浓度。

$$c(\text{EDTA}) = \frac{m(\text{CaCO}_3) \times \frac{1}{10}}{M(\text{CaCO}_3) \times V(\text{EDTA})}$$

六、实验记录与结果

CaCO$_3$ 质量	m_1/g			
	m_2/g			
	m/g			
编号		Ⅰ	Ⅱ	Ⅲ
V(EDTA,始)/mL				
V(EDTA,终)/mL				
V(EDTA)/mL				
c(EDTA)/(mol·L^{-1})				
$\bar{c}$(EDTA)/(mol·L^{-1})				
d_i				
相对平均偏差/%				

七、注意事项

EDTA 的配位反应速度较慢,因此滴定速度也应慢一些。临近终点时更要注意,每加 1 滴,要摇动几秒钟,否则容易过量。终点前出现的紫色是 Mg-铬黑 T 与铬黑 T 的混合色。

八、问题与讨论

1. 为什么要用间接法配制 EDTA 标准溶液?
2. 配位滴定过程中为什么要加缓冲溶液?

实验十二　水的总硬度的测定

一、实验目的

1.了解水硬度的表示方法和测定意义。
2.进一步理解配位滴定分析的原理和方法,了解金属指示剂的变色原理及滴定终点的判断。
3.掌握 EDTA 法测定水中 Ca^{2+}、Mg^{2+} 含量的原理和方法。

二、预习与思考

1.预习 EDTA 标准溶液的配制和标定。
2.预习 EDTA 法测定水的硬度的原理和方法。
3.思考:
(1)本实验所使用的 EDTA 应该采用何种指示剂标定?最合适的基准物质是什么?
(2)用 EDTA 法测定水的硬度时,哪些离子的存在有干扰?如何消除?

三、实验原理

天然水的硬度主要由 Ca^{2+}、Mg^{2+} 形成。水的硬度的表示方法很多,但常用的有两种。一是用"德国度(°)"表示,这种方法是将水中的 Ca^{2+}、Mg^{2+} 折合为 CaO 来计算,每升水含 10 mg 就称为 1 德国度。另一种方法是用"mg $CaCO_3$/L"表示,它是将每升水中所含的 Ca^{2+}、Mg^{2+} 都折合成 $CaCO_3$ 的毫克数。这种表示方法在美国使用较多。

天然水按硬度的大小可分为以下几类:0°~4°叫极软水,4°~8°叫软水,8°~16°叫中等软水,16°~30°叫硬水,30°以上叫极硬水。

Ca^{2+}、Mg^{2+} 总量的测定:在 pH=10 的氨性缓冲溶液中,加入少量铬黑 T 指示剂,然后用 EDTA 标准溶液滴定。由于铬黑 T 和 EDTA 都能与 Ca^{2+}、Mg^{2+} 生成配位化合物,其稳定性大小为:$CaY^{2-} > MgY^{2-} > MgIn^- > CaIn^-$。因此加入铬黑 T 后,它首先与 Mg^{2+} 结合,生成酒红色配位化合物,当滴入 EDTA 时,EDTA 则先与游离的 Ca^{2+} 配位,其次与游离的 Mg^{2+} 配位,最后夺取铬黑 T 配位化合物中的 Mg^{2+},使铬黑 T 游离出来,终点溶液由酒红色变为纯蓝色。

由于 EBT 与 Mg^{2+} 显色灵敏度高,与 Ca^{2+} 显色灵敏度低,所以当水样中 Mg^{2+} 含量较低时,用 EBT 作指示剂往往得不到敏锐的终点。这时可在 EDTA 标准溶液中加入适量的 Mg^{2+}(标定前加入 Mg^{2+} 对终点没有影响)或者在缓冲溶液中加入一定量 Mg^{2+}-

EDTA盐,利用置换滴定法的原理来提高终点变色的敏锐性。滴定时,Fe^{3+}、Al^{3+}等干扰离子用三乙醇胺掩蔽。

计算公式:

$$水的硬度(°)=\frac{c(\text{EDTA})V(\text{EDTA})}{10V_{水样}}\times M(\text{CaO})\times 1\,000$$

四、实验用品

1.仪器

100 mL 烧杯,250 mL 容量瓶(1 个),锥形瓶(3 个),25 mL 移液管(1 支),玻璃棒,10 mL 量筒(1 个),称量瓶(1 个),分析天平。

2.试剂

EDTA 标准溶液(由实验室提供),氨性缓冲溶液(pH=10),铬黑 T(EBT)。

五、实验内容

用移液管移取水样 25.00 mL 于 250 mL 的锥形瓶中,加入 3 mL 三乙醇胺及 5 mL pH=10 的氨性缓冲溶液,加 0.1 g EBT 指示剂,摇匀。立即用 EDTA 标准溶液滴至溶液由酒红色变为纯蓝色即为终点。平行滴定 3 份,计算水的总硬度,以 CaO 表示。

六、实验记录与结果

$c(\text{EDTA})/(\text{mol}\cdot\text{L}^{-1})$			
测定次数	Ⅰ	Ⅱ	Ⅲ
$V_{水样}$ / mL			
EDTA 终读数 初读数 $V(\text{EDTA})$/mL			
水的硬度/°			
硬度平均值/°			
相对平均偏差/%			

七、注意事项

指示剂的用量以使水样呈明显红色为好,颜色过深或过浅都会使终点难以判断。滴定时,若发现颜色太浅,可随时补加适量的指示剂。

八、问题与讨论

1. 本实验中加入氨缓冲溶液起什么作用？
2. 配制氨缓冲溶液时，为什么要加入 EDTA-Mg^{2+}？

实验十三　$KMnO_4$ 法测定双氧水

一、实验目的

1. 掌握 $KMnO_4$ 标准溶液的配制方法与标定原理。
2. 掌握温度、滴定速度等对滴定分析的影响。
3. 掌握测定 H_2O_2 含量的原理和方法。

二、预习与思考

1. 预习 $KMnO_4$ 溶液的配制和标定。
2. 了解氧化还原滴定中反应条件对滴定的影响。
3. 思考：
(1) 配制 $KMnO_4$ 标准溶液时应注意些什么？
(2) 在标定 $KMnO_4$ 标准溶液过程中，需要注意哪些实验条件的控制？

三、实验原理

市售 $KMnO_4$ 试剂中常含有 MnO_2 等少量杂质，同时它可与还原性杂质发生缓慢反应成亚锰酸沉淀[$MnO(OH)_2$]，而 MnO_2、$MnO(OH)_2$ 又可以促成 $KMnO_4$ 分解，故 $KMnO_4$ 标准溶液不可用直接法配制，而只能用间接法进行配制。先粗配一定浓度的溶液，再用基准物质进行标定，确定其准确浓度。

标定 $KMnO_4$ 溶液的基准物质有 $H_2C_2O_4 \cdot 2H_2O$、$Na_2C_2O_4$、$(NH_4)_2SO_4 \cdot FeSO_4 \cdot 6H_2O$、$(NH_4)_2C_2O_4$、$FeSO_4 \cdot 7H_2O$ 和纯铁丝等。其中最常用的是 $Na_2C_2O_4$，它易于提纯，性质稳定。在酸性介质中 $KMnO_4$ 与 $Na_2C_2O_4$ 发生下列反应：

$$2MnO_4^- + 5C_2O_4^{2-} + 16H^+ = 2Mn^{2+} + 10CO_2\uparrow + 8H_2O$$

滴定时应注意以下几点：

(1) 温度。在室温下，上述反应速度较慢，常需将溶液加热到 75～85 ℃，并趁热滴定。加热时温度不宜过高，否则 $H_2C_2O_4 \cdot 2H_2O$ 会分解。

(2) 酸度。该反应需在酸性介质中进行，通常用 H_2SO_4 控制溶液酸度，避免使用 HCl 或 HNO_3 溶液，因 Cl^- 具有还原性，可与 MnO_4^- 作用，而 HNO_3 具有氧化性，可能氧化被滴定的还原物质。为使反应定量进行，溶液酸度宜控制在 $0.5 \sim 1$ mol·L^{-1}。

(3) 滴定速度。该反应为自动催化反应，反应生成的 Mn^{2+} 有自动催化作用。因此，滴定开始时不宜太快，应逐滴加入，当加入的第一滴 $KMnO_4$ 颜色褪去生成 Mn^{2+} 后方可加第二滴，否则加入的 $KMnO_4$ 溶液来不及与 $C_2O_4^{2-}$ 反应，就在热的酸性溶液中分解，导致结果偏低。

(4) 滴定终点。反应完全后过量 1 滴 $KMnO_4$ 在溶液中呈微红色，若在 30 s 内不褪即为滴定终点。长时间放置，由于空气中的还原性物质及灰尘等可与 MnO_4^- 作用而使微红色褪去，这与滴定终点无关。

(5) 双氧水中主要成分为 H_2O_2，其具有杀菌、消毒、漂白等作用，市售商品一般为 30% 或 3% 水溶液。H_2O_2 不稳定，常加入少量乙酰苯胺等作为稳定剂。H_2O_2 为两性物质，既可作为氧化剂，又可以作为还原剂。在酸性介质中遇 $KMnO_4$ 时，H_2O_2 作为还原剂，可发生下列反应：

$$2MnO_4^- + 5H_2O_2 + 6H^+ = 2Mn^{2+} + 5O_2\uparrow + 8H_2O$$

利用此反应可测定 H_2O_2 的含量。该反应室温时速度较慢，由于 H_2O_2 不稳定，不能加热。但生成的 Mn^{2+} 对反应有催化作用，滴定时，当第一滴 $KMnO_4$ 颜色褪去生成 Mn^{2+} 后方可滴加第二滴。由于 Mn^{2+} 的催化作用，加快了反应速率，故能顺利地滴至终点，过量 1 滴 $KMnO_4$ 呈现微红色且在 30 s 内不褪即为滴定终点。

四、实验用品

1. 仪器

量筒，烧杯，表面皿，酸式滴定管，台秤，微孔玻璃漏斗，温度计，锥形瓶，棕色试剂瓶，容量瓶，移液管，吸量管。

2. 试剂

$KMnO_4$（固体），$Na_2C_2O_4$（固体），H_2SO_4（3 mol·L^{-1}），H_2O_2（30%）。

五、实验内容

1. $KMnO_4$ 溶液的配制

在台秤上称取约 1.6 g $KMnO_4$ 固体于 500 mL 烧杯中，加 500 mL 蒸馏水使之溶解，盖上表面皿，加热至沸并保持 30 min。冷却后，在暗处放置 $7 \sim 10$ d，用微孔玻璃漏斗或玻璃纤维过滤，滤液贮存于具玻璃塞的棕色试剂瓶中备用。

2. $KMnO_4$ 标准溶液的标定

在分析天平上准确称取 $0.15 \sim 0.20$ g（准确至 0.1 mg）基准物质 $Na_2C_2O_4$，置于 250 mL 锥形瓶中，加 30 mL 蒸馏水使之溶解，再加入 10 mL 3 mol·L^{-1} H_2SO_4。加热至 $75 \sim 85$ ℃，趁热用 $KMnO_4$ 溶液滴定。开始滴定的速度应当很慢，即加入 1 滴 $KMnO_4$ 溶

液待紫色消失后,再加另1滴,待溶液中产生 Mn^{2+} 后,反应速度加快,可适当滴快些,但仍必须逐滴加入,直至溶液呈粉红色且在30 s内不褪即为滴定终点,记下 $KMnO_4$ 消耗的体积,平行测定3份。注意滴定结束时的温度不应低于60 ℃。

3. H_2O_2 含量的测定

用吸量管吸取 1.00 mL H_2O_2 商品液于250 mL容量瓶中,加蒸馏水定容,混匀,得 H_2O_2 稀释液。用移液管吸取 25.00 mL H_2O_2 稀释液于250 mL锥形瓶中,加60 mL蒸馏水及 30 mL 3 mol·L^{-1} H_2SO_4,用 $KMnO_4$ 标准溶液滴定至溶液呈粉红色且30 s不褪即为滴定终点,记下消耗 $KMnO_4$ 的体积,计算 H_2O_2 商品液中 H_2O_2 的含量。平行测定3份。

六、数据记录和处理

测定次数		I	II	III
$Na_2C_2O_4$ 质量	m_1/g			
	m_2/g			
	m/g			
$KMnO_4$ 终读数 初读数 $KMnO_4$ 体积/mL				
$c(KMnO_4)/(mol·L^{-1})$				
$c(KMnO_4)$ 平均值/$(mol·L^{-1})$				
相对平均偏差/%				
测定次数		I	II	III
$c(KMnO_4)/(mol·L^{-1})$				
$KMnO_4$ 终读数 初读数 $KMnO_4$ 体积/mL				
H_2O_2 含量/$(g·mL^{-1})$				
H_2O_2 平均含量/$(g·mL^{-1})$				
相对平均偏差/%				

七、注意事项

1. $KMnO_4$ 作氧化剂,通常是在强酸溶液中反应,滴定过程中若发现产生棕色浑浊(是酸度不足引起的),应立即加入 H_2SO_4 补救,但若已经达到终点,则加 H_2SO_4 已无效,这时应该重做实验。

2. $KMnO_4$ 溶液颜色很深,不易观察溶液弯月面的最低点,因此应该从液面最高边缘处读数。

八、问题与讨论

1. 配制 $KMnO_4$ 标准溶液时为什么要把 $KMnO_4$ 水溶液煮沸一定时间(或放置几天)？配好的 $KMnO_4$ 标准溶液为什么要过滤后才能保存？过滤时是否能用滤纸？

2. 用 $Na_2C_2O_4$ 标定 $KMnO_4$ 溶液浓度时,为什么必须在过量的 H_2SO_4 存在下进行？可以用 HCl 或 HNO_3 吗？酸度过高或过低有无影响？为什么要加热至 75～85 ℃ 后才能滴定？溶液温度过高或过低有什么影响？

3. 装 $KMnO_4$ 溶液的烧杯放置较久后,杯壁上常有棕色沉淀,是什么？此沉淀不容易洗净,应该怎样洗涤？

4. 在测定中,H_2O_2 与 $KMnO_4$ 的化学计量关系如何？如何计算双氧水中 H_2O_2 百分含量？

实验十四　$K_2Cr_2O_7$ 法测定亚铁盐中铁的含量

一、实验目的

1. 掌握 $K_2Cr_2O_7$ 法测定亚铁盐中铁含量的原理和方法。
2. 了解氧化还原指示剂的作用原理和使用方法。

二、预习与思考

1. 预习 $K_2Cr_2O_7$ 法测定铁的原理和方法。
2. $K_2Cr_2O_7$ 为什么可以直接称量配制准确浓度的溶液？

三、实验原理

$K_2Cr_2O_7$ 的氧化性不如 $KMnO_4$ 强,常用于测定铁的含量。反应为：
$$Cr_2O_7^{2-} + 6Fe^{2+} + 14H^+ = 2Cr^{3+} + 6Fe^{3+} + 7H_2O$$
在农业分析中,$K_2Cr_2O_7$ 法常用于测定土壤中有机质含量。

用 $K_2Cr_2O_7$ 测定 Fe^{2+} 时,常用二苯胺磺酸钠作为指示剂。反应终点时过量少许 $K_2Cr_2O_7$ 使指示剂由无色变成红紫色；由于在滴定过程中累积的 Cr^{3+} 呈现绿色,故终点时由绿变紫蓝色。二苯胺磺酸钠变色点的电位位于滴定曲线的下端,指示剂变色时只能氧化91%左右的Fe^{2+}。因此，为了减少误差，必须在滴定前加入NaF或H_3PO_4，与Fe^{3+}形成配位化合物，以降低$E(Fe^{3+}/Fe^{2+})$，增大突跃范围，并消除Fe^{3+}黄色的干扰，有利于终点颜色的观察。

若测试样中总铁量，则需将试样中Fe^{3+}还原。反应为：

$$2Fe^{3+} + Sn^{2+} = 2Fe^{2+} + Sn^{4+}$$

$$Sn^{2+} + 2HgCl_2 = Sn^{4+} + Hg_2Cl_2 + 2Cl^-$$

经过处理后的试液再用$K_2Cr_2O_7$标准溶液滴定。

由于汞盐有毒，实验中排放的汞排入下水道，沉积在底泥和水质中，造成严重环境污染。近年来多采用无汞测铁新方法。该法采用$SnCl_2$-$TiCl_3$还原Fe^{3+}为Fe^{2+}，反应式如下：

$$2Fe^{3+} + Sn^{2+} = 2Fe^{2+} + Sn^{4+}$$

$$Fe^{3+} + Ti^{3+} + H_2O = Fe^{2+} + TiO^{2+} + 2H^+$$

四、实验用品

1.仪器

容量瓶(250 mL)，烧杯(100 mL，250 mL)，移液管(25 mL)，滴定管(50 mL)，量筒(10 mL)，锥形瓶。

2.药品

二苯胺磺酸钠(0.2%)，H_3PO_4(85%)，H_2SO_4(3 mol·L^{-1})，$K_2Cr_2O_7$(固体，A.R.)，$(NH_4)_2SO_4$·$FeSO_4$·$6H_2O$(固体，A.R.)。

五、实验内容

1.$K_2Cr_2O_7$标准溶液配制(四人合用)

用差减法称取1.2～1.3 g(准确至0.000 2 g)烘干过的$K_2Cr_2O_7$，加蒸馏水溶解，定量转入250 mL容量瓶中，加蒸馏水稀释至刻度，充分摇匀。计算其准确浓度。

2.亚铁盐中铁的测定(两人合用)

准确称取1～1.5 g$(NH_4)_2SO_4$·$FeSO_4$·$6H_2O$样品，加入8 mL 3 mol·L^{-1} H_2SO_4防止水解，再加入蒸馏水，加热溶解，然后定量转移至250 mL容量瓶中定容，充分摇匀。

平行移取3份25.00 mL上述样品溶液分别置于3个锥形瓶中，各加50 mL蒸馏水、10 mL 3 mol·L^{-1} H_2SO_4，再加入5～6滴二苯胺磺酸钠指示剂，摇匀后用$K_2Cr_2O_7$标准溶液滴定，至溶液出现深绿色时，加5.0 mL 85% H_3PO_4，继续滴至溶液呈紫色或紫蓝色。计算试液中铁的含量。

六、数据记录和处理

测定次数		I	II	III
$K_2Cr_2O_7$ 质量	m_1/g			
	m_2/g			
	m/g			
$c(K_2Cr_2O_7)$/(mol·L^{-1})				
$(NH_4)_2SO_4·FeSO_4·6H_2O$ 质量	m_1/g			
	m_2/g			
	m/g			
$K_2Cr_2O_7$ 体积	终读数			
	初读数			
	V/mL			
$\omega(Fe)$/%				
$\omega(Fe)$平均值/%				
相对平均偏差 d_r/%				

七、问题与讨论

1. $K_2Cr_2O_7$ 为什么可用来直接配制标准溶液？
2. 加入 H_3PO_4 的作用是什么？

实验十五　$KMnO_4$ 吸收曲线的绘制

一、实验目的

1. 熟悉分光光度计的使用方法。
2. 掌握高锰酸钾溶液吸收曲线的绘制。

二、预习与思考

1. 预习 4.4 节"分光光度计",熟悉分光光度计的结构和使用方法。
2. 了解通过绘制吸收曲线确定最大吸收波长的方法。
3. 掌握朗伯-比尔定律的含义。

三、实验原理

物质呈现的颜色与光有着密切关系,在日常生活中溶液之所以呈现不同的颜色,是由于该溶液对光具有选择性吸收。

当一束白光(混合光)通过某溶液时,如果该溶液对可见光区各种波长的光都没有吸收,即入射光全部通过溶液,则该溶液呈无色透明状;当溶液对可见光区各种波长的光全部吸收时,则该溶液呈黑色;当溶液对可见光区某种波长的光选择性地吸收,则该溶液呈现被吸收光的互补色光的颜色。

通常用光吸收曲线来描述物质对不同波长范围光的选择性吸收。其方法是:将不同波长的光依次通过某一定浓度和厚度的有色溶液,分别测出它对各种波长光的吸收程度(用吸光度 A 表示),以波长 λ 为横坐标,吸光度 A 为纵坐标,画出的曲线即为光的吸收曲线(吸收光谱)。光吸收程度最大处的波长,称为最大吸收波长,用 λ_{max} 表示。同一物质的不同浓度溶液,其最大吸收波长

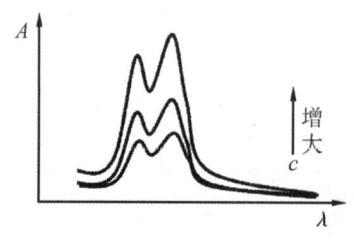

相同,但浓度越大,光的吸收程度越大,吸收峰就越高。溶液对光的吸收规律(朗伯-比尔定律)为吸光光度法提供了理论依据。

朗伯-比尔定律:

$$A = Kbc$$

式中,A 为吸光度,b 为液层厚度,单位通常为 cm。c 为溶液的浓度,当溶液浓度单位为 $g \cdot L^{-1}$ 时,K 称为吸光系数,用 a 表示,单位为 $L \cdot g^{-1} \cdot cm^{-1}$;当溶液浓度单位为 $mol \cdot L^{-1}$ 时,K 称为摩尔吸光系数,用 ε 表示,单位为 $L \cdot mol^{-1} \cdot cm^{-1}$。从式中可以看出,同一物质在一定波长条件下吸光度值随溶液浓度的增加而增大。

四、实验用品

1. 仪器

分光光度计,比色皿一套,容量瓶(100 mL),烧杯(500 mL),擦镜纸。

2. 试剂

$0.01 mol \cdot L^{-1} KMnO_4$ 溶液。

五、实验内容

用吸量管移取上述 KMnO₄ 溶液 1.0 mL、2.0 mL、3.0 mL，分别放入 3 个 100 mL 容量瓶中，加水稀释至刻度，充分摇匀，各 KMnO₄ 溶液浓度分别为 0.000 1 mol·L^{-1}、0.000 2 mol·L^{-1}、0.000 3 mol·L^{-1}。

将配制好的各浓度的 KMnO₄ 溶液，用 1 cm 比色皿，以蒸馏水为参比溶液，在 440～580 nm 波长范围内，每隔 10 nm 测一次吸光度，在最大吸收波长附近，每隔 5 nm 测一次吸光度。以波长 λ 为横坐标，吸光度 A 为纵坐标，绘制 A 和 λ 关系的吸收曲线。从吸收曲线上选择最大吸收波长 $λ_{max}$，并观察不同浓度 KMnO₄ 溶液的 $λ_{max}$ 和吸收曲线的变化规律。

六、数据记录和处理

λ/nm	440	450	460	470	480	490	500	505	510	515
A										
λ/nm	520	525	530	535	540	550	560	570	580	590
A										

七、注意事项

1.比色皿应配对使用。通常一个盛放参比溶液，另一个盛放被测溶液。同一组测量中，两者不要互换。

2.有的比色皿带有箭头标记，每次测量按同一方向的箭头标记放入光路，并使比色皿紧靠光入射方向，透光面垂直于入射光。

八、问题与讨论

分光光度法进行定性和定量分析的依据是什么？

实验十六　磷的比色分析

一、实验目的

1.掌握比色法测磷的原理和方法。

2.熟悉分光光度计的使用方法。

二、预习与思考

1.预习 4.4 节"分光光度计",熟悉分光光度计的结构和使用方法。

2.了解通过绘制吸收曲线确定最大吸收波长及利用标准曲线进行定量分析的原理和方法。

3.溶液颜色和吸收曲线峰值波长有何关系?

三、实验原理

微量磷的测定一般采用钼蓝法。此法是在含 PO_4^{3-} 的酸性溶液中加入 $(NH_4)_2MoO_4$ 试剂,可生成黄色的磷钼酸,其反应式如下:

$$PO_4^{3-} + 12MoO_4^{2-} + 27H^+ = H_7[P(Mo_2O_7)_6] + 10H_2O$$

若以此直接比色或用分光光度法测定,灵敏度较低,适用于含磷量较高的试样。如在黄色溶液中加入适量还原剂,磷钼酸中部分正六价钼被还原成低价的蓝色磷钼蓝,提高了测定的灵敏度,还可消除 Fe^{3+} 等离子的干扰。经显色后可在 690 nm 波长下测定其吸光度。磷的质量浓度在 $1\ mg \cdot L^{-1}$ 以下时服从朗伯-比耳定律。

最常用的还原剂有 $SnCl_2$ 和抗坏血酸。用 $SnCl_2$ 作为还原剂,反应的灵敏度高,显色快。但蓝色稳定性差,对酸度及 $(NH_4)_2MoO_4$ 试剂的浓度控制要求比较严格。抗坏血酸的主要优点是显色较稳定,反应的灵敏度高,干扰小,反应要求的酸度范围宽[$c(H^+)=0.48 \sim 1.44\ mol \cdot L^{-1}$,以 $c(H^+)=0.8\ mol \cdot L^{-1}$ 为宜],但反应速率慢。为加速反应,可加入酒石酸锑钾,配制成 $(NH_4)_2MoO_4$、酒石酸锑钾和抗坏血酸的混合显色剂(此称钼锑抗法)。本实验采用 $SnCl_2$ 法。

SiO_3^{2-} 会干扰磷的测定,它也与 $(NH_4)_2MoO_4$ 生成黄色化合物,并被还原为硅钼蓝。但可用酒石酸来控制 MoO_4^{2-} 浓度,使它不与 SiO_3^{2-} 发生反应。

该法可适用于磷酸盐的测定,也用于土壤、磷矿石、磷肥等全磷的分析。

四、实验用品

1.仪器

分光光度计,比色管(25 mL),吸量管(5 mL、10 mL)。

2.试剂

$(NH)_2MoO_4$-H_2SO_4 混合液:溶解 25 g $(NH_4)_2MoO_4$ 于 200 mL 蒸馏水中,加入冷却的 280 mL 浓 H_2SO_4 和 400 mL 蒸馏水相混合的溶液中,并稀释至 1 L。

$SnCl_2$-甘油溶液:将 2.5 g $SnCl_2 \cdot 2H_2O$ 溶于 100 mL 甘油中,溶液可稳定数周。

磷标准溶液 $5\ mg \cdot L^{-1}$。

五、实验内容

1.工作曲线的绘制

取 6 个 25 mL 比色管,编号。分别移取 0.00 mL、1.00 mL、2.00 mL、3.00 mL、4.00 mL、5.00 mL 5 mg·L^{-1} 磷标准溶液,各加入约 10 mL 蒸馏水。然后各加入 1.5 mL $(NH_4)_2MoO_4$-H_2SO_4 混合试剂,摇匀。各加入 2 滴 $SnCl_2$-甘油溶液,用蒸馏水稀释至刻度,充分摇匀,静置 10~12 min。于 690 nm 波长处,用 1 cm 比色皿以空白溶液做参比,测定各标准溶液的吸光度。以吸光度 A 为纵坐标,磷的质量浓度 ρ(P)为横坐标,绘制工作曲线。

2.试液中磷含量的测定

取 5.00 mL 试液于 25 mL 比色管中,在与标准溶液相同条件下显色,并测定其吸光度。从工作曲线上查出相应磷的含量,并计算原试液中磷的质量浓度(单位为 mg·L^{-1})。

六、数据记录及处理

序　号	1	2	3	4	5	6	试液
ρ(P)/(mg·L^{-1})							
吸光度 A							

从标准曲线上查得 ρ(P)=_____ mg·L^{-1},原试液 ρ(P)=_____ mg·L^{-1}。

七、问题与讨论

1.测定吸光度时,应根据什么原则选择某一厚度的比色皿?

2.空白溶液中为何要加入与标准溶液及未知溶液同样量的$(NH_4)_2MoO_4$-H_2SO_4 和 $SnCl_2$-甘油溶液?

3.本实验使用的$(NH_4)_2MoO_4$ 显色剂的用量是否要准确加入?过多、过少对测定结果是否有影响?

第6章 综合实验与设计实验

实验十七 硫酸亚铁铵的制备及组成分析

一、目的要求

1. 制备复盐 $(NH_4)_2SO_4 \cdot FeSO_4 \cdot 6H_2O$,了解复盐的特性。
2. 掌握无机制备的基本操作。
3. 学习产品纯度的检验方法。

二、预习与思考

1. 预习 3.8 节中固液分离基本操作内容。
2. 本实验中前后两次水浴加热的目的有何不同?

三、实验原理

铁屑溶于稀 H_2SO_4 生成 $FeSO_4$:
$$Fe + H_2SO_4 = FeSO_4 + H_2 \uparrow$$
等物质的量的 $FeSO_4$ 与 $(NH_4)_2SO_4$ 作用,能生成溶解度较小的硫酸亚铁铵 $(NH_4)_2SO_4 \cdot FeSO_4 \cdot 6H_2O$,商品名称为莫尔盐。
$$FeSO_4 + (NH_4)_2SO_4 + 6H_2O = (NH_4)_2SO_4 \cdot FeSO_4 \cdot 6H_2O$$
一般亚铁盐在空气中易被氧化,但形成复盐后就比较稳定,因此在定量分析中常用来配制亚铁离子的标准溶液。

和其他复盐一样,$(NH_4)_2SO_4 \cdot FeSO_4 \cdot 6H_2O$ 在水中的溶解度比组成的每一组分 $[FeSO_4$ 或 $(NH_4)_2SO_4]$ 的溶解度都要小。三种盐的溶解度数据列于表 6-1 中。

表 6-1　三种盐的溶解度

单位:g

温度/℃	$FeSO_4 \cdot 7H_2O$	$(NH_4)_2SO_4$	$(NH_4)_2SO_4 \cdot FeSO_4 \cdot 6H_2O$
10	20.0	73.0	17.2
20	26.5	75.4	21.6
30	32.9	78.0	28.1

四、实验用品

1.仪器

烧杯(100 mL、500 mL),蒸发皿,玻璃棒,吸滤瓶,量筒(100 mL、10 mL),普通漏斗,水浴锅,比色架,比色管(25 mL),布氏漏斗,容量瓶(250 mL)。

2.药品

H_2SO_4(3 mol·L^{-1}),铁粉,$(NH_4)_2SO_4$(固体),乙醇(95%),HCl(3 mol·L^{-1}),KSCN(25%)。

五、实验内容

1.$FeSO_4$ 的制备

称取 2 g 铁屑,放于烧杯(100 mL)内,加入 15 mL 3 mol·L^{-1} H_2SO_4,放在加热板上水浴加热(在通风橱中进行)至不再有气泡放出,表示反应结束。反应过程中要适当地补充少量的 H_2SO_4。趁热常压过滤,用少量热水洗涤烧杯及漏斗上的残渣,抽干,将溶液倒入蒸发皿中。忽略残渣的影响。

2.$(NH_4)_2SO_4$ 饱和溶液的配制

根据反应铁的质量计算并称取所需 $(NH_4)_2SO_4$ 固体的量,量取室温下配制 $(NH_4)_2SO_4$ 饱和溶液所需的水的体积,在烧杯中配制 $(NH_4)_2SO_4$ 饱和溶液。

3.制备 $(NH_4)_2SO_4 \cdot FeSO_4 \cdot 6H_2O$

将 $(NH_4)_2SO_4$ 饱和溶液倒入上面制得的 $FeSO_4$ 溶液中,水浴蒸发,浓缩至表面出现结晶薄膜为止。放置冷却,得 $(NH_4)_2SO_4 \cdot FeSO_4 \cdot 6H_2O$ 晶体。减压过滤除去母液,再用少量酒精洗去晶体表面的水分,抽干。将晶体取出,摊在两张吸水纸之间并轻压吸干。

观察晶体的颜色和形状,称量,计算产率。

4.Fe(Ⅲ)的限量分析

称取 1.0 g 产品于 25 mL 比色管中,用 15 mL 去离子水溶解,再加入 2 mL 3 mol·L^{-1} HCl 和 1 mL 25% KSCN 溶液,加水稀释至 25 mL,摇匀。与标准色阶进行目视比色,确定产品级别。

六、注意事项

1.如果是铁屑必须除油。
2.水浴温度不可超过 60 ℃,以防止生成 Fe^{3+}。
3.水浴加热蒸发混合溶液时,不可搅拌,防止氧气进入使 Fe^{2+} 氧化。

七、问题与讨论

1.在制备 $FeSO_4$ 时,是 Fe 过量还是 H_2SO_4 过量?为什么?
2.本实验计算 $(NH_4)_2SO_4 \cdot FeSO_4 \cdot 6H_2O$ 的产率时,以 $FeSO_4$ 的量为准是否正确?为什么?
3.浓缩 $(NH_4)_2SO_4 \cdot FeSO_4 \cdot 6H_2O$ 时能否浓缩至干?为什么?

实验十八　邻二氮菲分光光度法测定铁

一、实验目的

1.掌握分光光度计的原理、结构及使用方法。
2.掌握用邻二氮菲分光光度法测定铁的原理和方法。
3.初步了解实验条件研究的一般方法。

二、预习与思考

1.了解通过绘制吸收曲线确定最大吸收波长及利用标准曲线进行定量分析的原理和方法。
2.溶液颜色和吸收曲线峰值波长有何关系?

三、实验原理

邻二氮菲(又称邻菲罗啉)是测定微量铁的较好试剂。在 pH 为 2~9 的溶液中,试剂与 Fe^{2+} 生成稳定的红色配位化合物,其 $\lg K_{稳} = 21.3(20\ ℃)$,摩尔吸光系数 $\varepsilon(510) = 1.1 \times 10^4$,其反应式如下:

$$Fe^{2+} + 3 \text{(phen)} \rightleftharpoons \left[\text{(phen)}_3 Fe\right]^{2+}$$

生成的红色配位化合物的最大吸收峰在 510 nm 处。本方法的选择性很高,相当于含铁量 40 倍的 Sn^{2+}、Al^{3+}、Ca^{2+}、Mg^{2+}、Zn^{2+}、SiO_3^{2-},20 倍的 Cr^{3+}、Mn^{2+}、$V(V)$、PO_4^{3-},5 倍的 Cu^{2+}、Co^{2+} 等均不干扰测定。Fe^{3+} 也能与邻二氮菲反应生成淡蓝色配位化合物,其 $\lg K_{稳} = 14.10$。因此,在显色前,首先用盐酸羟胺还原剂把 Fe^{3+} 还原为 Fe^{2+},其反应式如下:

$$2Fe^{3+} + 2NH_2OH \cdot HCl = 2Fe^{2+} + N_2 \uparrow + 2H_2O + 4H^+ + 2Cl^-$$

测定时,pH 值控制在 5 左右。酸度高时,反应进行较慢;酸度太低,则 Fe^{2+} 离子水解,影响显色。

分光光度法测定物质的含量时,一般采用标准曲线法。即配制一系列浓度由小到大的标准溶液,在规定条件下依次测出各标准溶液的吸光度(A)。在被测物质的一定浓度范围内,溶液的吸光度与其浓度呈线性关系。以溶液的浓度为横坐标,相应的吸光度为纵坐标作图。

绘制标准曲线一般要配制 3~5 种浓度递增的标准溶液,测出的吸光度至少有 3 个在同一条直线上。作图时,坐标要选择合适,直线的斜率约等于 1。

测定未知样时,操作条件应与测绘工作曲线相同。测出吸光度值(扣除试剂空白值),从标准曲线上查出相应的被测物质的浓度,并计算出试样中被测物质的含量。如果实验证明所用试剂的吸收值与水没有差别(无色),可以用水代替试剂空白溶液作为参比溶液。

四、实验用品

1. 仪器

分光光度计 1 台,25 mL 比色管 9 个,1 mL 吸量管 2 支,2 mL 吸量管 4 支,5 mL 吸量管 2 支,10 mL 吸量管 1 支,酸度计 1 台或 1~14 pH 广泛试纸若干。

2. 试剂

铁标准溶液(40 $\mu g \cdot mL^{-1}$),邻二氮菲溶液(0.20%)(临用时配制),盐酸羟胺溶液(10%)(临用时配制),NaAc 溶液(1 $mol \cdot L^{-1}$),HCl(2.0 $mol \cdot L^{-1}$),NaOH(0.1 $mol \cdot L^{-1}$)。

五、实验内容

1. 吸收曲线的绘制

用吸量管移取 2.00 mL 40 $\mu g \cdot mL^{-1}$ Fe^{3+} 标准溶液于 25.00 mL 比色管中,加入 0.5 mL 10%盐酸羟胺溶液,摇匀,经 2 min 后,加入 2.0 mL 1 $mol \cdot L^{-1}$ NaAc 溶液和 1.0 mL

0.20%邻二氮菲溶液,用水稀释至刻度,摇匀。用 1 cm 比色皿,以不含铁的空白试液为参比溶液,用分光光度计在 440～560 nm,每隔 10 nm 测定一次吸光度(在 500～520 nm,每隔 5 nm 测定一次吸光度),然后以波长(λ)为横坐标、吸光度(A)为纵坐标绘出吸收曲线。确定最大吸收波长。以下条件实验和测定工作均在此选定波长下进行。

2.有色溶液的稳定性

用吸量管移取 2.00 mL 40 $\mu g \cdot mL^{-1}$ Fe^{3+} 标准溶液于 25.00 mL 比色管中,加入 0.5 mL 10%盐酸羟胺溶液,摇匀,经 2 min 后,加入 2.0 mL 1 mol·L^{-1} NaAc 溶液和 1.0 mL 0.20%邻二氮菲溶液,用水稀释至刻度,摇匀。用 1 cm 比色皿,以不含铁的空白试液为参比溶液,在最大吸收波长下,5 min、20 min、30 min、60 min、90 min、120 min、150 min 时分别测一次吸光度(A)。以时间(t)为横坐标、吸光度(A)为纵坐标,绘出吸光度-时间曲线,确定显色反应的时间。

3.显色剂用量的影响

在 7 支 25 mL 比色管中,加入 2.00 mL 40 $\mu g \cdot mL^{-1}$ Fe^{3+} 标准溶液,各加入 0.50 mL 10%盐酸羟胺溶液,摇匀,经 2 min 后,再加入 2.0 mL 1 mol·L^{-1} NaAc 溶液,分别加入 0.20 mL、0.40 mL、0.60 mL、0.80 mL、1.00 mL、1.50 mL、2.00 mL 0.20%邻二氮菲溶液,用水稀释至刻度,摇匀。用 1 cm 比色皿,以不含铁的空白试液为参比溶液,在最大吸收波长下,分别测定各溶液的吸光度。以显色剂用量为横坐标、吸光度为纵坐标,绘制吸光度-显色剂用量曲线,确定显色剂用量的适宜范围。

4.溶液 pH 值的影响

在 8 支 25 mL 比色管中,加入 2.00 mL 40 $\mu g \cdot mL^{-1}$ Fe^{3+} 标准溶液,加入 0.5 mL 10%盐酸羟胺溶液,摇匀,经 2 min 后,再加入 1.0 mL 0.20%邻二氮菲溶液,摇匀。分别加入 0.0 mL、5.0 mL、5.5 mL、6.0 mL、12.0 mL、12.8 mL、13.2 mL、18.0 mL 0.1 mol·L^{-1} NaOH 溶液,用水稀释至刻度,混匀,放置 15 min。用精密 pH 试纸(或酸度计)测出各溶液的 pH。用 1 cm 比色皿,以不含铁的空白试液为参比溶液,在最大吸收波长下测定吸光度。以 pH 值为横坐标、吸光度为纵坐标,绘出 A-pH 曲线,并确定测定的适宜 pH 范围。

5.标准曲线的绘制

分别吸取 0.00 mL、0.50 mL、1.00 mL、1.50 mL、2.00 mL、2.50 mL 40 $\mu g \cdot mL^{-1}$ Fe^{3+} 标准溶液于 6 支已编号的 25.00 mL 比色管中,各加入 0.50 mL 10%盐酸羟胺溶液,充分摇匀,经 2 min 后,加入 2.0 mL 1 mol·L^{-1} NaAc 溶液和 1.0 mL 0.20%邻二氮菲溶液,用水稀释至刻度,摇匀。以不含铁的空白试液为参比溶液,用分光光度计在选定的波长处分别测定各溶液的吸光度。以铁含量为横坐标、吸光度为纵坐标,绘出 A-c 曲线,即标准曲线。

6.未知溶液中铁含量测定

用吸量管吸取 1.50 mL 未知液于 25.00 mL 比色管中,其他步骤均同上,测定其吸光度。据未知液的吸光度,在标准曲线上查出 1.50 mL 未知液中的铁含量,并以每毫升未知液中含铁微克数表示。

$$Fe \text{ 的含量}(\mu g \cdot mL^{-1}) = \frac{\text{从标准曲线上查出的铁的微克数}}{1.50} \times 25.00$$

六、数据记录与处理

1. 吸收曲线

λ/nm	440	450	460	470	480	490	500	505	510	515	520	530	540	550	560
A															

2. 有色溶液的稳定性

t/min	5	20	30	60	90	120	150
A							

3. 显色剂用量的影响

显色剂/mL	0.20	0.40	0.60	0.80	1.00	1.50	2.00
A							

4. 溶液 pH 值的影响

V(NaOH)/mL	0.0	5.0	5.5	6.0	12.0	12.8	13.2	18.0
pH								
A								

5. 标准曲线的制作和铁含量的测定

编号	1	2	3	4	5	6	7（待测样）
$\rho(Fe^{2+})/(\mu g \cdot mL^{-1})$							
A							

（1）标准曲线图；

（2）从标准曲线图上查得 $\rho(Fe^{2+})=$ _____ $\mu g \cdot mL^{-1}$；

（3）待测液（原液）$\rho(Fe^{2+})=$ _____ $\mu g \cdot mL^{-1}$。

七、问题与讨论

1. Fe^{3+} 离子标准溶液在显色前加盐酸羟胺的目的是什么？如测定一般铁盐的总铁量，是否需要加盐酸羟胺？

2. 如用配制已久的盐酸羟胺溶液，对分析结果将带来什么影响？

3. 为什么在分光光度法中必须使用参比溶液？

4.显色时,加入还原剂、缓冲溶液、显色剂的顺序可否颠倒?为什么?

5.何谓吸收曲线?何谓标准曲线?各有何实际意义?

6.吸光度 A 与百分透光率 T 之间的关系如何?分光光度法测定时,A 值取什么范围为宜?为什么?怎样来加以控制?A 为何值时测定误差最小?

实验十九　三草酸合铁(Ⅲ)酸钾的合成、组成及结构测定

一、实验目的

1.了解配位化合物组成分析和性质表征的方法和手段。

2.用化学分析、红外光谱等方法确定草酸合铁(Ⅲ)酸钾组成,掌握某些性质与有关结构测试的物理方法。

二、预习与思考

1.预习三草酸合铁(Ⅲ)酸钾的性质及制备方法。

2.预习 $KMnO_4$ 法滴定 $C_2O_4^{2-}$ 及 Fe^{2+} 的条件控制。

3.思考:

(1)如何确定 $K_3[Fe(C_2O_4)_3] \cdot 3H_2O$ 的组成?

(2)三草酸合铁(Ⅲ)酸钾见光易分解,应如何保存?

三、实验原理

三草酸合铁(Ⅲ)酸钾为绿色单斜晶体,在水中溶解度 0 ℃时为 4.7 g,100 ℃时为 118 g,难溶于乙醇。110 ℃时脱去 3 分子结晶水,230 ℃时分解。该配位化合物对光敏感,光照下即发生分解。

三草酸合铁(Ⅲ)酸钾是制备负载型活性铁催化剂的主要原料,也是一些有机反应很好的催化剂,因此具有工业生产价值。目前,合成三草酸合铁(Ⅲ)酸钾的工艺路线有多种,主要有:①由 $FeCl_3$ 或 $Fe_2(SO_4)_3$ 与 $K_2C_2O_4$ 反应制得;②以 $FeSO_4$[或 $(NH_4)_2Fe(SO_4)$]为原料,加 $K_2C_2O_4$ 形成 FeC_2O_4,经氧化结晶制得。

要确定所得配位化合物的组成,必须综合运用各种方法。化学分析可以确定各组分的质量分数,从而确定化学式。

配位化合物中的金属离子的含量一般可通过容量滴定、比色分析或原子吸收光谱法确定,本实验配位化合物中的铁含量采用磺基水杨酸比色法测定。

配体草酸根的含量分析一般采用氧化还原滴定法确定(高锰酸钾法滴定分析),也可用热分析法确定。红外光谱可定性鉴定配位化合物中所含有的结晶水和草酸根。

四、实验用品

1. 仪器

分光光度计,红外光谱仪,托盘天平,电子分析天平,烧杯(100 mL,250 mL),量筒(10 mL,100 mL),玻璃棒,长颈漏斗,布氏漏斗,吸滤瓶,真空泵,表面皿,称量瓶(25 mm×25 mm,8个),干燥器,烘箱,锥形瓶(250 mL),酸式滴定管(50 mL),电磁搅拌器。

2. 试剂

草酸钾($K_2C_2O_4 \cdot H_2O$, A.R.),三氯化铁($FeCl_3 \cdot 6H_2O$, 0.4 g·mL^{-1}),KCl(A.R.),Fe^{3+}标准溶液(0.1 mg·mL^{-1}),氨水(1∶1),磺基水杨酸(25%,A.R.),H_2SO_4(2 mol·L^{-1}),$H_2C_2O_4$,H_2O_2(3%),$(NH_4)_2Fe(SO_4)_2 \cdot 6H_2O(s)$,$K_2C_2O_4$(饱和),$KMnO_4$标准溶液(0.02 mol·L^{-1},自行标定),乙醇(95%)。

五、实验内容

1. 草酸合铁(Ⅲ)酸钾的制备

方法一: 称取15 g $K_2C_2O_4$放入100 mL烧杯中,加25 mL蒸馏水,加热使之全部溶解。在溶液近沸时边搅动边加入10 mL $FeCl_3$溶液(0.4 g·mL^{-1}),将此溶液在冰水中冷却即有绿色晶体析出,用布氏漏斗过滤得粗产品。

将粗产品溶解在约20 mL热水中,趁热过滤。将滤液在冰水中冷却(可加少量丙酮或乙醇,促使晶体析出完全),待结晶完全后减压抽滤。产物用少量无水乙醇洗涤,晾干,称量,计算产率,并将晶体放在干燥器内避光保存。

方法二: (1) 制取$FeC_2O_4 \cdot 2H_2O$。称取6.0 g $(NH_4)_2Fe(SO_4)_2 \cdot 6H_2O$放入250 mL烧杯中,加入1.5 mL 2 mol·L^{-1} H_2SO_4和20 mL去离子水,加热使其溶解。另称取3.0 g $H_2C_2O_4 \cdot 2H_2O$放到100 mL烧杯中,加30 mL去离子水,微热,溶解后取出22 mL倒入上述250 mL烧杯中,加热搅拌至沸,并维持微沸5 min。静置,得到黄色$FeC_2O_4 \cdot 2H_2O$沉淀。用倾泻法倒出清液,用热去离子水洗涤沉淀3次,以除去可溶性杂质。

(2) 制备$K_3[Fe(C_2O_4)_3] \cdot 3H_2O$。在上述洗涤过的沉淀中,加入15 mL饱和$K_2C_2O_4$溶液,水浴加热至40 ℃,滴加25 mL 3% H_2O_2溶液,不断搅拌溶液并维持温度在40 ℃左右。滴加完后,加热溶液至沸以除去过量的H_2O_2。取适量上述(1)中配制的剩余8 mL饱和$H_2C_2O_4$溶液,分两次(第一次加5 mL,第二次慢慢加入3 mL)趁热加入使沉淀溶解至呈现翠绿色为止。冷却后,加入15 mL 95%乙醇,若有晶体析出,温热溶液使析出的晶体再溶解,用表面皿盖好烧杯,在暗处放置2 h,结晶。减压过滤,抽干后用少量乙醇洗涤产品,继续抽干,称量,计算产率,并将晶体放在干燥器内避光保存。

2.化学分析

(1)结晶水质量分数的测定

洗净2个称量瓶,在110 ℃电烘箱中干燥1 h,置于干燥器中冷却,至室温时在电子分析天平上称量。然后放到110 ℃电烘箱中干燥3 h,直至质量恒定。

在电子分析天平上准确称取2份产品各0.5~0.6 g,分别放入上述质量已恒定的2个称量瓶中。在110 ℃电烘箱中干燥2 h,然后置于干燥器中冷却,至室温后,称量。重复干燥,冷却,称量直至质量恒定。根据称量结果计算产品结晶水的质量分数。

(2)草酸根含量的测定

把制得的草酸合铁(Ⅲ)酸钾在50~60 ℃于恒温干燥箱中干燥1 h,在干燥器中冷却至室温。精确称取0.10~0.15 g样品3份,放入250 mL锥形瓶中,加入25 mL蒸馏水和5 mL 3 mol·L^{-1} H$_2$SO$_4$,加热至75~85 ℃,用0.02 mol·L^{-1} KMnO$_4$标准溶液趁热滴定至微红色在30 s内不褪色。记下消耗KMnO$_4$标准溶液的总体积,计算草酸合铁(Ⅲ)酸钾中草酸根的质量分数。

$$5C_2O_4^{2-} + 2MnO_4^- + 16H^+ = 10CO_2\uparrow + 2Mn^{2+} + 8H_2O$$

(3)配位化合物中铁含量的测定

称取1.964 g干燥后的配位化合物晶体,溶于80 mL蒸馏水中,注入1 mL 6 mol·L^{-1} HCl后,在100 mL容量瓶中稀释到刻度。准确吸取上述溶液5 mL于500 mL容量瓶中,稀释到刻度,此溶液为样品溶液(溶液需保存在暗处,以避免草酸合铁配离子见光分解)。

用吸量管分别吸取0.0 mL、2.0 mL、4.0 mL、6.0 mL、8.0 mL、10.0 mL铁标准溶液和25 mL样品于7个100 mL容量瓶中,用蒸馏水稀释到约50 mL,加入5 mL 25%磺基水杨酸,用1∶1氨水中和到溶液呈黄色,再加入1 mL氨水,然后用蒸馏水稀释到刻度,摇匀。在分光光度计上,用1 cm比色皿在450 nm处测定各铁标准溶液和样品溶液的吸光度。

亦可保留上述步骤(2)中滴定后的3份溶液用还原锌粉把Fe^{3+}还原为Fe^{2+},然后用KMnO$_4$标准溶液滴定Fe^{2+},计算出Fe^{2+}含量,或参照分析化学实验邻二氮菲分光光度法测定铁。

(4)热重分析

在瓷坩埚中,称取一定量磨细的配位化合物样品,按规定的操作步骤在热天平上进行热分解测定,升温到550 ℃为止。记录不同温度时的样品质量。

热分解产物中是否有碳酸盐可用HCl来鉴定。

由热重曲线计算样品的失重率,根据失重率可计算配位化合物中所含的结晶水。

与各种可能的热分解反应的理论失重率相比较,参考红外光谱图,确定该配位化合物的组成。

可能的热分解反应(仅供参考):

(1) $K_3[Fe(C_2O_4)_3]\cdot 3H_2O \rightarrow K_3[Fe(C_2O_4)_3] + 3H_2O$ 11.00%

(2) $K_3[Fe(C_2O_4)_3] \rightarrow K_2C_2O_4 + K[Fe(C_2O_4)_2] + CO_2$ 10.06%

或 $K_3[Fe(C_2O_4)_3] \rightarrow K_2C_2O_4 + FeC_2O_4 + \frac{1}{2}K_2CO_3 + CO_2 + \frac{1}{2}CO$ 11.81%

(3) $K_2C_2O_4 + FeC_2O_4 + \frac{1}{2}K_2CO_3 \rightarrow FeCO_3 + \frac{3}{2}K_2CO_3 + \frac{5}{2}CO_2$ 11.40%

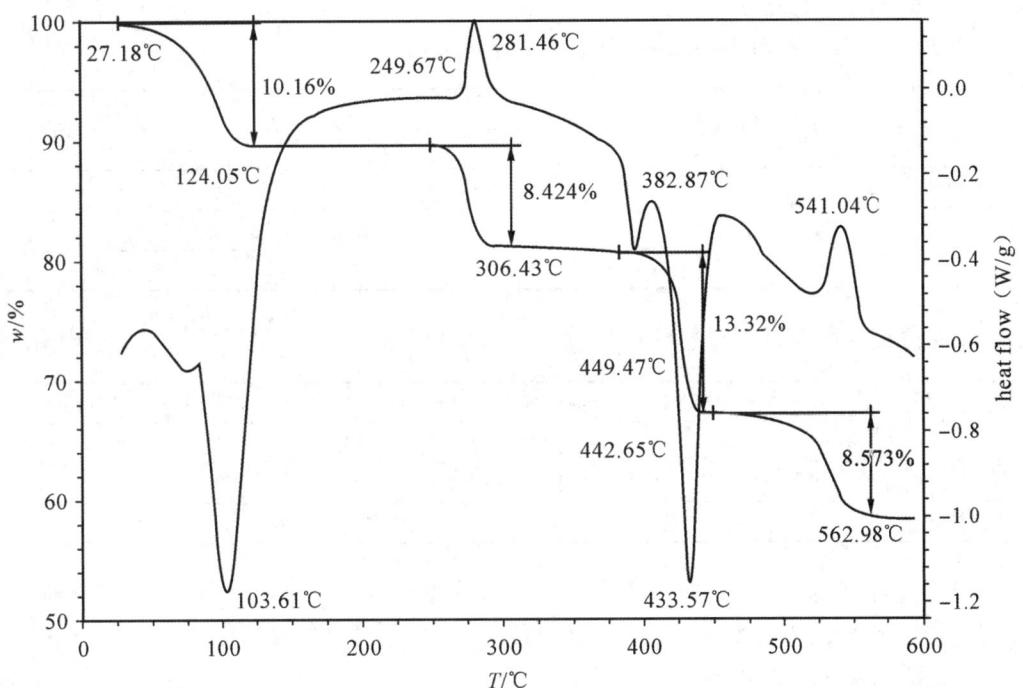

(4) $FeCO_3 + \frac{3}{2}K_2CO_3 \rightarrow \frac{3}{2}K_2CO_3 + \frac{1}{4}Fe_3O_4 + \frac{1}{4}Fe + CO_2$ 8.83%

亦可用气相色谱测定不同温度时热分解产物中逸出气体的组分及其相对含量。

(5) 红外光谱测定

对重结晶的配位化合物和 550 ℃的热分解产物分别测定其红外光谱。

六、数据记录及处理

1. 结晶水质量分数的测定

编号	Ⅰ	Ⅱ
$m_{称量瓶}$/g		
$m_{称量瓶+样品}$/g		
$m_{样品}$/g		
$m_{烘干后称量瓶+样品}$/g		
$m_{结晶水}$/g		
结晶水质量分数/%		
结晶水数目		

2.草酸根含量的测定

根据 $KMnO_4$ 溶液的用量计算草酸根的质量分数。

编号	I	II	III
$m_{样品}$/g			
$V(KMnO_4)$/mL			
$C_2O_4^{2-}$ 含量/%			
$C_2O_4^{2-}$ 含量平均值/%			

3.配位化合物中的铁含量测定

编号	1	2	3	4	5	6	7(待测样)
$V(Fe^{3+})$/mL							
$\rho(Fe^{2+})/(\mu g \cdot mL^{-1})$							
吸光度 A							

以吸光度 A 为纵坐标,Fe^{3+} 含量为横坐标作图,得一直线,即为 Fe^{3+} 的标准曲线。以样品的吸光度 A 在标准曲线上找到相应的 Fe^{3+} 含量,并计算样品中 Fe^{3+} 的百分含量。

4.配位化合物的热重分析

测试完毕后,保存样品测试数据,作图,对测试结果进行分析。

5.红外光谱测定

对所测谱图进行基线校正及适当平滑处理,标出主要吸收峰的波数值,存储数据,保存谱图,分析主要的特征吸收峰。

七、问题与讨论

1.确定配位化合物中的草酸根含量还可以采取什么方法?如何实现?
2.结晶水的含量还可以采用什么方法测定?
3.如何正确确定草酸合铁酸钾的热分解产物?

实验二十　用废铝制备明矾及其铝含量的测定

一、实验目的

1.巩固无机制备中的基本操作。
2.了解制备复盐的基本方法和反应的基本原理。
3.掌握配位滴定中的返滴定法。

二、预习与思考

1. 预习金属离子指示剂的作用原理及选择。
2. EDTA 配位滴定法测定铝为什么采用返滴定法？
3. 了解明矾的性质及用途。

三、实验原理

明矾（水合硫酸铝钾，$KAl(SO_4)_2 \cdot 12H_2O$ 或 $K_2SO_4 \cdot Al_2(SO_4)_3 \cdot 24H_2O$，英文名为 aluminium potassium sulfate dodecahydrate），又称白矾、钾矾、钾铝矾、钾明矾，是含有结晶水的 K_2SO_4 和 $Al_2(SO_4)_3$ 的复盐，属于 α 型明矾类复盐。无色立方晶体，外表常呈八面体，或与立方体、菱形十二面体形成聚形，有时以{111}面附于容器壁上而形似六方板状，有玻璃光泽；密度 1.757 g/cm³，熔点 92.5 ℃；64.5 ℃时失去 9 分子结晶水，200 ℃时失去 12 分子结晶水；溶于水，不溶于乙醇。

铝是活泼的金属，其表面与空气中的氧反应生成致密的氧化物保护膜，因此在空气中稳定。与稀酸反应很慢，碱性溶液可溶解此氧化层，进一步再与铝反应形成 $Al(OH)_4^-$ 而溶解于碱液中：

$$2Al(s) + 2KOH(aq) + 6H_2O(l) \rightarrow 2K^+(aq) + 2Al(OH)_4^-(aq) + 3H_2(g)$$

在上述溶液中加入酸时，首先产生白色柔毛状 $Al(OH)_3$ 沉淀：

$$Al(OH)_4^-(aq) + H^+(aq) \rightarrow Al(OH)_3(s) + H_2O(l)$$

继续加酸，则 $Al(OH)_3(s)$ 变成 Al^{3+} 溶解于酸中：

$$Al(OH)_3(s) + 3H^+(aq) \rightarrow Al^{3+}(aq) + 3H_2O(l)$$

加热浓缩含 SO_4^{2-}、Al^{3+} 和 K^+ 的溶液，$KAl(SO_4)_2 \cdot 12H_2O$ 即可从过饱和溶液中结晶出来，在适当条件下可长成相当大的晶体。

不同温度下，明矾、$Al_2(SO_4)_3$、K_2SO_4 的溶解度如下表所示：

温度 T/K	273	283	293	303	313	333	353	363
$KAl(SO_4)_2 \cdot 12H_2O$/g	3.00	3.99	5.90	8.39	11.7	24.8	71.0	109
$Al_2(SO_4)_3$/g	31.2	33.5	36.4	40.4	45.8	59.2	73.0	80.8
K_2SO_4/g	7.4	9.3	11.1	13.0	14.8	18.2	21.4	22.9

四、实验用品

1. 仪器

100 mL 烧杯，玻璃漏斗，漏斗架，布氏漏斗，抽滤瓶，蒸发皿，表面皿，玻璃棒，试管，台秤，电加热套，温度计，磁力搅拌器。

2.试剂

KOH(2 mol·L^{-1}),NH$_3$·H$_2$O(6 mol·L^{-1}),H$_2$SO$_4$(1∶1),HAc(6 mol·L^{-1}),BaCl$_2$(1 mol·L^{-1}),Na$_3$[Co(NO$_2$)$_6$],铝试剂。

3.材料

废铝(可用铝质牙膏壳、铝合金罐头盒、易拉罐),pH 试纸,涤纶线。

五、实验内容

1.KAl(SO$_4$)$_2$·12H$_2$O 的制备

废铝剪成 4 cm×4 cm 的铝片,用砂纸磨去表面的油漆、颜料及透明塑胶内衬,并剪成约 0.5 cm×0.5 cm 的小片(必要时,请戴上棉纱手套保护手部)。

称取约 2 g 铝片,记录精确质量。将剪好、称妥的小铝片置于 100 mL 烧杯中,小心缓慢加入 30 mL 2 mol·L^{-1} KOH 溶液(事先戴上乳胶手套)。由于反应会产生 H$_2$,而 H$_2$ 与空气混合后(4﹪~75﹪浓度),在高温下易爆燃(点火温度 585 ℃),因此需小心操作,且不可有裸火或点火,如此可避免发生危险。在通风柜中用 70 ℃ 水浴微微加热,以加速反应。反应过程中,观察铝片在水中周期升降(上下浮沉)的现象,当 H$_2$ 不再冒出即表示反应完全。反应完毕后,趁热减压过滤。用热水洗涤烧杯和残渣,称量残渣质量,算出已作用的铝的质量,并据此计算理论产量。

将抽滤瓶中的澄清滤液倒入 100 mL 烧杯中,逐滴加入 10 mL 3 mol·L^{-1} H$_2$SO$_4$,调 pH 为 7~8。溶液中产生白色沉淀,抽滤生成的沉淀,并用蒸馏水洗涤。将抽滤后得到的 Al(OH)$_3$ 沉淀置于蒸发皿中,逐滴加入 1∶1(约 9 mol·L^{-1})的 H$_2$SO$_4$,至沉淀全部溶解。

加 6 g K$_2$SO$_4$ 于上述澄清溶液中[为防止 Al$_2$(SO$_4$)$_3$ 结晶析出,可对上述溶液适当加热保温]水浴加热至全部溶解,控制温度约在 70 ℃,当大部分结晶析出、剩余少量水时,停止加热并静置使其自然冷却。再以冰水浴冷却,以降低温度使明矾结晶完全。

减压过滤收集明矾结晶,用 10 mL 1∶1 的水-酒精溶液洗涤晶体两次,抽干,然后用滤纸吸干晶体,称重,计算产率。

2.明矾中铝含量的测定

(1)0.01 mol·L^{-1} Zn^{2+} 标准溶液的配制

准确称取 0.5~0.6 g 基准物 ZnO 于 100 mL 烧杯中,用少量水润湿,滴加 6 mol·L^{-1} HCl 溶液 5 mL,待 ZnO 完全溶解,定量转移入 250 mL 容量瓶中,用水稀释至刻度,摇匀,计算锌标准溶液的浓度。

(2)0.01 mol·L^{-1} EDTA 溶液的配制与标定

称取分析纯 EDTA(含 2 分子结晶水)约 1.9 g 于 250 mL 烧杯中,加蒸馏水 150 mL,加热溶解,必要时过滤。冷却后用蒸馏水稀释至 500 mL,摇匀,保存在细口瓶中,浓度约为 0.01 mol·L^{-1}。

用移液管吸取 25.00 mL Zn^{2+} 标准溶液于 250 mL 锥形瓶中,加 30 mL 去离子水、2 滴二甲酚橙指示剂,滴加 6 mol·L^{-1} 氨水调至溶液由黄色刚变橙色(不能多加),滴加 20﹪六亚甲基四胺至溶液呈现稳定的紫红色,再加 5 mL 六亚甲基四胺。用 EDTA 滴定,当溶液由紫红色恰好转变为亮黄色时即为终点。平行滴定 3 次,计算 EDTA 的准确浓度。

(3)铝含量的测定

用分析天平准确称取明矾试样[$KAl(SO_4)_2 \cdot 12H_2O, M_r = 474.4\ g \cdot mol^{-1}$]1.2 g 于小烧杯中,加热使其完全溶解,待冷却后将溶液定量转移至 250 mL 容量瓶中,用蒸馏水稀释至刻度,摇匀备用。

移取 25.00 mL 铝盐溶液于 250 mL 锥形瓶中,定量加入 0.01 mol·L⁻¹ EDTA 标准溶液 30 mL,加 2 滴二甲酚橙,此时溶液呈黄色,滴加 6 mol·L⁻¹ 氨水调至溶液恰好出现红色,再滴加 3 mol·L⁻¹ HCl 溶液,使溶液呈现黄色。加热煮沸 3 min,放冷后加入六亚甲基四胺 20 mL,此时溶液应呈黄色(pH 值为 5~6),如不呈黄色,用 3 mol·L⁻¹ HCl 来调节,使其变黄。用 0.01 mol·L⁻¹ 锌标准溶液滴定至溶液由黄色变为紫红色。根据消耗的锌盐溶液的体积,计算铝的含量。

六、数据记录和处理

产品质量:_____ 产率:_____
产品颜色性状:_____

$m(ZnO)/g$	m_1/g			
	m_2/g			
	m/g			
编号		1	2	3
$V(EDTA,始)/mL$				
$V(EDTA,终)/mL$				
$V(EDTA)/mL$				
$c(EDTA)/(mol \cdot L^{-1})$				
$\bar{c}(EDTA)/(mol \cdot L^{-1})$				
$V_{明矾}/mL$				
$V(EDTA)/mL$				
$V(Zn,始)/mL$				
$V(Zn,终)/mL$				
$V(Zn)/mL$				
$\omega(Al)/\%$				
$\bar{\omega}(Al)/\%$				
相对平均偏差/%				

七、注意事项

1. 废铝原材料必须清洗表面杂质；裁剪铝片应小心，避免割伤。
2. 由于铝片和 KOH 反应会产生 H_2（H_2 与空气混合后易爆）并伴随有恶臭，因此务必在通风橱中进行，且切忌与火源接近。
3. 制得的 $Al_2(SO_4)_3$ 溶液要保温，否则含有 18 个结晶水的 $Al_2(SO_4)_3$ 会大量析出而成浆糊状，如已析出要先适当加热，使溶液澄清，再加入 K_2SO_4。
4. 冷却结晶时要先等晶体析出后，再用冰水冷却，否则产品纯度会下降。

八、问题与讨论

1. 对于复杂的铝合金试样，可以用返滴定吗？
2. 本实验可否用铬黑 T 作指示剂？

实验二十一　茶叶中茶多酚的提取及抗氧化作用的研究

一、实验目的

1. 掌握从茶叶或茶叶下脚料中提取茶多酚的方法。
2. 掌握用分光光度法测定茶多酚含量的方法。
3. 用分光光度法对茶多酚对羟基自由基清除作用进行研究。
4. 通过对茶多酚的提取及对自由基清除作用的研究，了解多酚类天然产物的提取和抗氧化作用的研究方法，提高对天然产物研究的综合能力，培养创新思维。

二、实验原理

茶多酚（tea polyphenols，TP）是一类存在于茶树的树梢及其他器官中的多羟基酚类化合物的混合物，简称茶多酚或多酚类，俗名茶单宁、茶鞣质，抗氧化的活性高于一般非酚类或单酚羟基类抗氧化剂。茶多酚的主要组分为儿茶素类（黄烷醇类）、黄酮及黄酮醇类、花色素类、酚酸及缩酚酸类四大类。在茶多酚中各组成分中以儿茶素类物质为主，儿茶素含量占茶多酚总量的 65%～80%，包括 4 种形式：儿茶素（L-EC）、没食子儿茶素（L-EGC）、儿茶素没食子酸酯（L-ECG）、没食子儿茶素没食子酸酯（L-EGCG）。其结构式如图 6-1 所示。

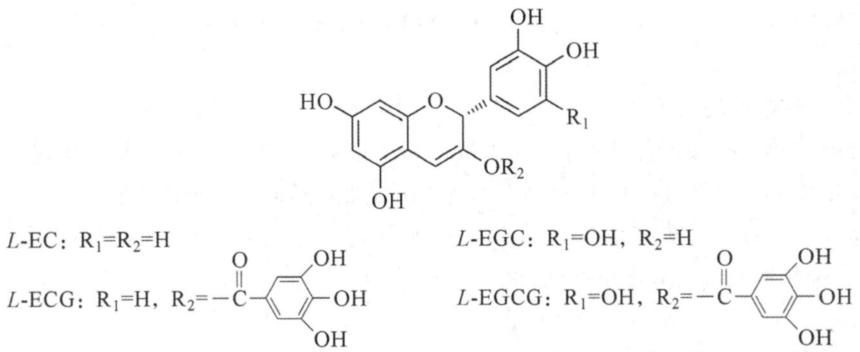

L-EC: $R_1=R_2=H$

L-ECG: $R_1=H$, $R_2=-\overset{O}{\underset{\|}{C}}-$ (3,4,5-trihydroxybenzoyl)

L-EGC: $R_1=OH$, $R_2=H$

L-EGCG: $R_1=OH$, $R_2=-\overset{O}{\underset{\|}{C}}-$ (3,4,5-trihydroxybenzoyl)

图 6-1 茶多酚的主要成分儿茶素的结构

茶多酚不仅是构成茶叶色、香、味的主体化合物,而且是一种理想的天然食品抗氧化剂,已被国家卫生部批准列为食品添加剂(GB 2760-2007),可用于糕点及乳制品、消臭口香糖及饮料、水果、蔬菜、畜肉制品、油脂及含油脂的食品、鱼糜制品等食品中。它能够延长食品贮存期,防止食品褪色,提高膳食纤维稳定性,能有效保护食品中各种营养成分。此外,它还具有清除自由基、抗衰老、抗辐射、减肥、降血脂、防癌、防治心血管病、抑菌抑酶、沉淀金属等多方面的功能。茶多酚在食品加工、医药保健、日用化工等领域具有广阔的应用前景。

本实验主要研究从茶叶中提取天然抗氧化剂——茶多酚的方法,工艺包括沸水提取、沉淀、酸化萃取、脱溶剂及真空干燥,其特点在于提取液中加入能使茶多酚沉淀的可溶性无机盐,分离沉淀后,在沉淀中加入强酸或中强酸至沉淀完全溶解,制得酸化液,再由乙酸乙酯萃取,经脱溶剂、干燥制得茶多酚,并对茶多酚进行定量分析,研究提取物对羟基自由基的清除作用。

三、仪器试剂

1.仪器

分光光度计,离心机,真空干燥箱,循环水泵,pH 计,布氏漏斗,抽滤瓶,分液漏斗。

2.试剂

茶叶,邻二氮菲,NaH_2PO_4,Na_2HPO_4,Na_2CO_3($0.1\ mol\cdot L^{-1}$),$FeSO_4$,30% H_2O_2,$ZnSO_4$,H_2SO_4,酒石酸铁,乙醇,乙酸乙酯(以上试剂均为分析纯)。

四、实验内容

1.茶多酚的提取

称取茶叶 30 g,加入沸水,搅拌数分钟,先以过滤布过滤,再用沸水提取一次。合并提取液,加入一定量的 $ZnSO_4$,用 $0.1\ mol\cdot L^{-1}\ Na_2CO_3$ 调节 pH,使茶多酚完全沉淀。放置数分钟后,离心分离。在沉淀中加入 $4\ mol\cdot L^{-1}\ H_2SO_4$ 至 pH 为 2 左右,离心分离少量未溶解的沉淀。所得到的溶液用体积相同的乙酸乙酯萃取,合并萃取液,减压浓缩。将浓缩液转移至蒸发皿,于 40 ℃下真空干燥,得到茶多酚的粗晶体。称量茶多酚的质量,计算茶多酚的提取率。

2.茶多酚总量的测定

(1)准确称取茶多酚的粗晶体,用少量去离子水溶解,在 25 mL 容量瓶中定容。

(2)吸取样品试液 1 mL 于 25 mL 容量瓶中,加入蒸馏水 4 mL 和酒石酸铁 5 mL,摇匀,再加入 pH 为 5 的磷酸盐缓冲液,以蒸馏水代替样品试液,加入同样的试剂配制成参比溶液。选择波长 540 nm 和 1 cm 的比色皿测定吸光度。如吸光度大于 0.8,则需将试液稀释。

(3)茶多酚的含量计算

$$茶多酚含量 = \frac{7.826\,AV}{1\,000\,mV_1} \times 100\%$$

式中,A——样品试液的吸光度;

m——茶多酚样品的质量,g;

V——样品试液的总体积,mL;

V_1——测定时吸取的样品试液量,mL。

3.羟基自由基的清除作用

本实验采用 Fe^{2+} 催化 H_2O_2 产生羟基自由基的方法。取 0.75 mmol·L^{-1} 邻二氮菲溶液 1 mL、磷酸盐缓冲液 2 mL 和蒸馏水 1 mL,充分混匀后,加 0.75 mmol·L^{-1} $FeSO_4$ 溶液 1 mL,摇匀,加 0.01% H_2O_2 1 mL,于 37 ℃保持 60 min,于 536 nm 处测定吸光度,其值为 A_p。用 30%乙醇代替 1 mL H_2O_2,测定吸光度,其值为 A_b。用 1 mL 试样代替 1 mL 蒸馏水,测定吸光度,其值为 A_s。羟基自由基的清除率 d 可用下式计算:

$$d = \frac{A_s - A_p}{A_b - A_p} \times 100\%$$

五、数据记录及处理

1.茶多酚的提取

$$茶多酚的提取率 = \frac{茶多酚粗晶体的质量}{茶叶的质量} \times 100\%$$

2.茶多酚总量的测定

$$茶多酚含量 = \frac{7.826\,AV}{1\,000\,mV_1} \times 100\%$$

3.羟基自由基的去除率

$$d = \frac{A_s - A_p}{A_b - A_p} \times 100\%$$

六、注意事项

1. 乙酸乙酯萃取时不要摇晃过度,以免出现乳化层。
2. 磷酸盐缓冲溶液在常温下容易发霉,应冷藏。
3. 配制缓冲溶液时,pH 值要用 pH 计准确测量。

七、问题与讨论

1. 如何能进一步提高茶多酚的提取率?
2. 茶多酚为什么具有清除自由基的作用?
3. 试举例说明文献报道的提取茶多酚的其他方法。
4. 如果萃取过程中出现乳化现象,应如何破乳?常见的破乳方法有哪些?

实验二十二　阴阳离子未知液的鉴定(设计性实验)

一、实验目的

1. 学习自行设计对给定的未知混合离子试液进行定性分析。
2. 进一步学习和掌握定性分析的基本操作技能。

二、预习与思考

根据各阴、阳离子的性质及特征反应,并参阅有关定性分析的书籍和资料,根据给定的条件,拟定实验方案。

三、实验用品

未知液中可能含有 Fe^{3+}、Al^{3+}、Cu^{2+}、NH_4^+、NO_3^-、SO_4^{2-}、Cl^- 7 种离子中的 5~6 种。

实验室提供无机及分析实验常用仪器及以下试剂的浓溶液,请学生按设计方案自行稀释。

$BaCl_2$(0.5 mol·L^{-1}),HCl(6 mol·L^{-1}),NaOH(6 mol·L^{-1}),$AgNO_3$(0.1 mol·L^{-1}),HNO_3(6 mol·L^{-1}),$NH_3·H_2O$(6 mol·L^{-1}、浓),KSCN(饱和),HAc(6 mol·L^{-1}),$K_4[Fe(CN)_6]$(0.1 mol·L^{-1}),H_2SO_4(浓),铝试剂(0.1%),$FeSO_4$(固体)。

四、设计要求

1.根据实验室给定的化学药品和教师提供的未知混合离子试液,拟定定性分析的实验方案。方案中不仅要有流程图,而且必须有实验目的、实验原理、实验用品、操作步骤、注意事项、参考文献等。

2.根据未知液的可能成分和经教师审查可行的实验方案,独立完成实验,写出规范的实验报告。

实验二十三 废干电池的综合利用

一、实验目的

1.进一步熟悉无机物的实验室提取、制备、提纯、分析等方法与技能。
2.学习实验方案的设计。
3.了解废弃物中有效成分的回收利用方法。

二、实验原理

日常生活中用的干电池主要为锌锰干电池,其负极是作为电池壳体的锌电极,正极是被 MnO_2(为增强导电能力,填充有炭粉)包围着的石墨电极,电解质是 $ZnCl_2$ 及 NH_4Cl 的糊状物,其结构如图 6-2 所示。其电池反应为:

$$Zn + 2NH_4Cl + 2MnO_2 = Zn(NH_3)_2Cl_2 + 2MnOOH$$

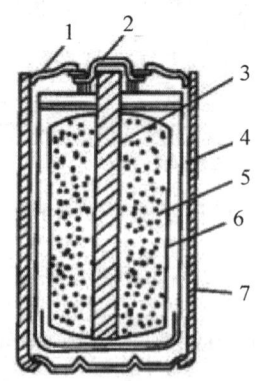

1—火漆;2—黄铜帽;3—石墨;4—锌筒;5—去极剂;6—电解液+淀粉;7—厚纸壳
图 6-2 锌锰干电池构造

在使用过程中,锌皮消耗最多,MnO_2 只起氧化作用,NH_4Cl 作为电解质没有消耗,炭粉是填料。因而,回收处理废干电池可以获得多种物质,如 Cu、Zn、MnO_2、NH_4Cl 和炭棒等,实为变废为宝的一种可利用资源。

三、材料准备

回收时,剥去废干电池外层包装纸,用螺丝刀撬去顶盖,用小刀除去盖下面的沥青层,即可用钳子慢慢拔出炭棒(连同铜帽),取下铜帽集存,可作为实验或生产 $CuSO_4$ 的原料。炭棒留作电极使用。

用剪刀把废电池外壳剥开,取出里面的黑色物质,它是 MnO_2、炭粉、NH_4Cl、$ZnCl_2$ 等的混合物。把这些黑色物质倒入烧杯中,加入蒸馏水(按每节 1# 电池加入 50 mL 水计算),搅拌溶解,澄清后过滤。滤液用以提取 NH_4Cl,滤渣用以制备 MnO_2 及锰的化合物,电池的锌壳可用以制锌粒及锌盐。

剖开电池后(请同学利用课外活动时间预先分解废干电池),从下列三项中选做一项(按老师指定的内容做)。

四、实验内容

1. 从黑色混合物的滤液中提取 NH_4Cl

(1) 要求

① 设计实验方案,提取并提纯 NH_4Cl。

② 产品定性检验:

a. 证实其为铵盐;b. 证实其为氯化物;c. 判断是否有杂质存在。

③ 测定产品中 NH_4Cl 的百分含量。

(2) 提示

已知滤液的主要成分为 NH_4Cl 和 $ZnCl_2$,两者在不同温度下的溶解度见表 6-2。

表 6-2 NH_4Cl、$ZnCl_2$ 在不同温度下的溶解度(g)

T/K	273	283	293	303	313	333	353	363	373
NH_4Cl	29.4	33.2	37.2	31.4	45.8	55.3	65.3	71.2	77.3
$ZnCl_2$	342	363	395	437	452	488	541	—	614

NH_4Cl 在 100 ℃ 时开始显著地挥发,338 ℃ 时解离,350 ℃ 时升华。

2. 从黑色混合物的滤渣中提取 MnO_2

(1) 要求

① 设计实验方案,精制 MnO_2。

② 设计实验方案,验证 MnO_2 的催化作用。

③ 试验 MnO_2 与 HCl、MnO_2 与 $KMnO_4$ 的作用。

(2)提示

黑色混合物的滤渣中含有 MnO_2、炭粉和其他少量有机物。用少量水冲洗,滤干固体,灼烧以除去炭粉和有机物。

粗 MnO_2 中尚含有一些低价锰和少量其他金属氧化物,应设法除去,以获得精制 MnO_2。纯 MnO_2 密度 5.03 g·cm^{-3},535 ℃时分解为 O_2 和 Mn_2O_3。不溶于水、HNO_3 及稀 H_2SO_4。

取精制 MnO_2,做如下实验:

①催化作用。MnO_2 对 $KClO_3$ 热分解反应有催化作用。

②与浓 HCl 作用。MnO_2 与浓 HCl 发生如下反应:

$$MnO_2 + 4HCl = MnCl_2 + Cl_2\uparrow + 2H_2O$$

注意:所设计的实验方法(或采用的装置)要尽可能避免污染实验室空气。

③MnO_4^{2-} 的生成及歧化反应。在大试管中加入 5 mL 0.002 mol·L^{-1} $KMnO_4$ 及 5 mL 2 mol·L^{-1} NaOH 溶液,再加入少量所制备的 MnO_2 固体。

3.由锌壳制取 $ZnSO_4·7H_2O$

(1)要求

①设计实验方案,以锌单质制备 $ZnSO_4·7H_2O$。

②产品定性检验:a.证实硫酸盐;b.证实为锌盐;c.不含 Fe^{3+}、Cu^{2+}。

(2)提示

将洁净的碎锌片以适量的酸溶解。溶液中有 Fe^{3+}、Cu^{2+} 杂质时,设法除去。$ZnSO_4·7H_2O$ 极易溶于水(在15 ℃时,无水盐为33.4%),不溶于乙醇。在39 ℃时溶于结晶水,100 ℃开始失水。在水中水解呈酸性。

实验二十四 混合碱的测定(设计性实验)

一、实验目的

1.了解测定混合碱的原理。

2.掌握用双指示剂法测定混合碱的方法。

二、预习与思考

1.了解 HCl 标准溶液的标定。

2.了解分析天平的操作。

3.讨论准确、分步滴定的可行性。

4.了解双指示剂法测定混合碱的原理与方法。

三、设计要求

1. 只允许用酸碱滴定法进行测定。
2. 要确定混合碱的组成及含量。
3. 阐述实验方案的理论依据,设计出操作方案,包括实验原理、试剂(规格、浓度和配制方法)、测定步骤及注意事项,并列出混合碱含量的计算公式。

实验二十五　水分析综合实验(设计性实验)

一、实验目的

1. 了解水及其杂质、污染物的组成、性质。
2. 初步了解水分析综合实验的几种主要方法、手段、仪器。
3. 设计并完成水中某些项目的分析测定,了解定量分析的全过程。
4. 了解化工文献的查阅方法,培养和提高分析问题的能力与综合实验技能。

二、预习与思考

1. 了解生活饮用水国家标准。
2. 了解水样的采取与保存方法。
3. 了解水质分析常用的定量分析方法。
4. 拟定水样中指定分析指标的分析方案。

三、设计要求

查阅相关国家标准和化工文献,根据实验室现有条件,拟定水分析综合实验方案。
1. 测定水的物理性质,如温度、外观、pH、电导率、浊度等。
2. 测定水的总硬度。
3. 测定有机物污染物指标——化学需氧量COD(Mn)。
4. 测定废水中总磷。

四、实验关键

1. 查阅的方法可能不止一种,建议选择污染较小、简便易行的方法。
2. 在实验过程中如发现所设计的量不合适,要及时进行调整。

第7章 食品生物分析

实验二十六 食品总酸度的测定（滴定法）

一、实验目的

1. 了解食品酸度的测定意义及原理。
2. 掌握滴定分析法的操作技能并正确判断滴定终点。

二、实验原理

总酸度是食品中所有酸性物质的总量，即未解离酸的浓度与已解离酸的浓度之和，常采用酸碱滴定法进行测定。食品中的酒石酸、苹果酸、草酸、乙酸等电离常数均大于 10^{-8}，可用标准碱液直接滴定。用酚酞作指示剂，当滴定至终点(pH=8.2,指示剂显浅红色)时，根据消耗标准碱液的体积，可计算出样品中总酸含量。

三、实验用品

1. 仪器

500 mL 细口瓶，50 mL 滴定管，250 mL 锥形瓶，25 mL 移液管，烧杯，分析天平，研钵等。

2. 试剂

(1) 0.1 mol·L^{-1} NaOH 标准溶液：称取 NaOH(A.R.)120 g 于 250 mL 烧杯中，加入蒸馏水 100 mL，振摇使其溶解，冷却后置于聚乙烯塑料瓶中，密封。放置数日澄清后，取上清液 5.6 mL，加新煮沸过并已冷却的蒸馏水至 1 000 mL，摇匀。

标定：精密称取 0.6 g(准确至 0.000 1 g)在 105～110 ℃ 干燥至恒重的邻苯二甲酸氢钾，加 50 mL 新煮沸过的冷蒸馏水，振摇使其溶解，加 2 滴酚酞指示剂，用配制的 NaOH 标准溶液滴定至溶液呈微红色 30 s 不褪。同时做空白实验。

计算公式：

$$c=\frac{m\times 1\,000}{(V_1-V_2)\times 204.2}$$

式中，c——NaOH 标准溶液的物质的量浓度，mol·L^{-1}；

m——邻苯二甲酸氢钾的质量，g；

V_1——标定时所耗用 NaOH 标准溶液的体积，mL；

V_2——空白实验中所耗用 NaOH 标准溶液的体积，mL；

204.2——邻苯二甲酸氢钾的摩尔质量，g·mol^{-1}。

(2) 1‰酚酞-乙醇溶液：称取酚酞 1 g 溶解于 100 mL 90%乙醇中。

四、实验内容

1. 样液制备

(1) 固体样品、干鲜果蔬、蜜饯及罐头样品：将样品用粉碎机或高速组织捣碎机捣碎并混合均匀，取适量样品(由其总酸含量而定)，用 15 mL 无 CO_2 的蒸馏水(果蔬干品需加 8~9 倍蒸馏水)将其移入 250 mL 容量瓶中，在 75~80 ℃水浴上加热 0.5 h(果脯类沸水浴加热 1 h)，冷却后定容，用干燥滤纸过滤，弃去初始滤液 25 mL，收集滤液备用。

(2) 含 CO_2 的饮料、酒类：将样品置于 40 ℃水浴上加热 30 min，以除去 CO_2，冷却后备用。

(3) 调味品及不含 CO_2 的饮料、酒类：将样品混匀后直接取样，必要时加适量水稀释(若样品浑浊，则需过滤)。

(4) 咖啡样品：将样品粉碎通过 40 目筛，取 10 g 粉碎的样品于锥形瓶中，加入 75 mL 80%乙醇，加塞放置 16 h，并不时摇动，过滤。

(5) 固体饮料：称取 5~10 g 样品，置于研钵中，加少量无 CO_2 的蒸馏水，研磨成糊状，用无 CO_2 蒸馏水移入 250 mL 容量瓶中，充分振摇，过滤。

2. 滴定

准确吸取上法制备的滤液 50 mL，加入酚酞指示剂 3~4 滴，用 0.1 mol·L^{-1} NaOH 标准溶液滴定至微红色 30 s 不褪，记录消耗 0.1 mol·L^{-1} NaOH 标准溶液的体积。平行 3 份，进行空白实验 3 次，计算样品的总酸度。

3. 结果计算

$$总酸度(\%)=\frac{c\cdot VK}{m}\times\frac{V_0}{V_1}\times 100$$

式中，c——NaOH 标准溶液的浓度，mol·L^{-1}；

V——滴定消耗 NaOH 标准溶液的体积，mL；

m——样品质量或体积，g 或 mL；

V_0——样品稀释液总体积，mL；

V_1——滴定时吸取的样品液体积，mL；

K——换算为主要酸的系数，即 1 mmol NaOH 相当于主要酸的克数。

因食品中含有多种有机酸，总酸度测定结果通常以样品中含量最多的那种酸表示。

一般分析葡萄及其制品时,用酒石酸表示,其 $K=0.075$;分析柑橘类果实及其制品时,用柠檬酸表示,$K=0.064$ 或 0.070(带 1 分子水);分析苹果、核果类果实及其制品时,用苹果酸表示,$K=0.067$;分析乳品、肉类、水产品及其制品时,用乳酸表示,$K=0.090$;分析酒类、调味品时,用乙酸表示,$K=0.060$。

五、注意事项

1.食品中的酸为多种有机弱酸的混合物,用强碱滴定测其含量时,滴定突跃不明显,其滴定终点偏碱,一般在 pH=8.2 左右,故可选用酚酞作终点指示剂。

2.本法适用于果蔬制品、饮料、乳制品、酒、蜂产品、淀粉制品、谷物制品和调味品等食品中总酸的测定,对于颜色较深的食品,因它使终点颜色变化不明显,可加水稀释,用活性炭脱色等。

3.平行实验结果容许误差为 0.5%。

六、问题与讨论

1.简述酸度测定在啤酒、白酒及制醋工业中的地位。
2.简述酸度测定的其他方法及其优缺点。

实验二十七　维生素 C 的定量测定

一、实验目的

1.学习定量测定维生素 C 的原理和方法。
2.进一步掌握微量滴定法的基本操作技术。

二、实验原理

维生素 C 又称抗坏血酸,属于水溶性维生素,分布广,植物的绿色部分含量丰富。抗坏血酸具有很强的还原性:在碱性溶液中加热并有氧化剂存在时,易被氧化而破坏;在中性和微酸性环境中,能将染料 2,6-二氯酚靛酚还原成无色的还原型 2,6-二氯酚靛酚,同时自身氧化成脱氢抗坏血酸,其反应如下:

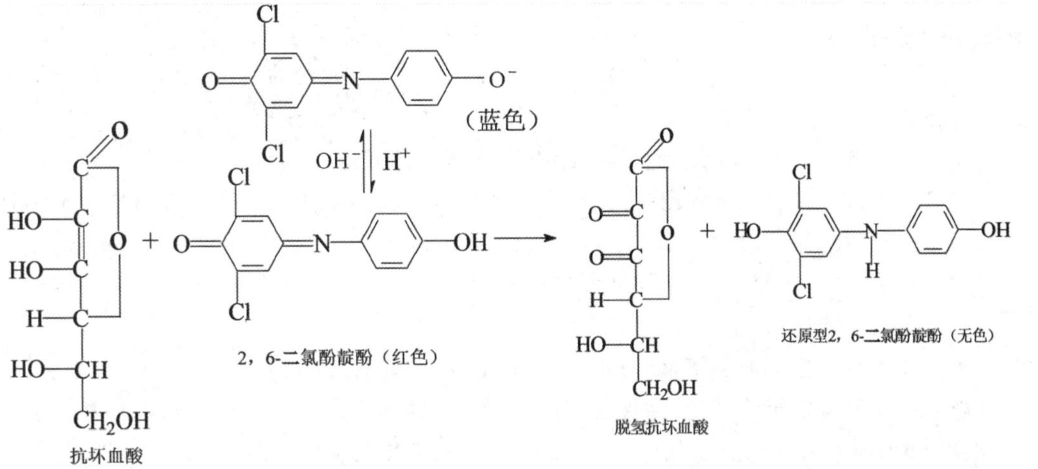

氧化型的 2,6-二氯酚靛酚在酸性溶液中呈红色,在中性或碱性溶液中呈蓝色。因此,当用 2,6-二氯酚靛酚滴定含有抗坏血酸的酸性溶液时,在抗坏血酸未被全部氧化时,滴下 2,6-二氯酚靛酚立即被还原成无色。但溶液中的抗坏血酸全部被氧化时,则滴下的溶液立即使之呈现红色。所以,当溶液从无色转变成微红色时,即表示溶液中的抗坏血酸刚全部被氧化,此时即为滴定终点。

从滴定时 2,6-二氯酚靛酚标准溶液的消耗量,可以计算出被检物质中抗坏血酸的含量。

三、实验用品

1. 仪器

研钵,天平,100 mL 容量瓶,量筒,移液管,50 mL 锥形瓶,微量滴定管,漏斗。

2. 试剂

2% 草酸溶液:草酸 2 g 溶于 100 mL 蒸馏水中。

1% 草酸溶液:草酸 1 g 溶于 100 mL 蒸馏水中。

抗坏血酸标准溶液($1 mg \cdot mL^{-1}$):准确称取 100 mg 纯抗坏血酸(应为洁白色,如变为黄色则不能用)溶于 1% 草酸溶液中,并稀释至 100 mL,贮于棕色瓶中,冷藏。最好临用前配制。

0.1% 2,6-二氯酚靛酚溶液:250 mg 2,6-二氯酚靛酚溶于 150 mL 含有 52 mg $NaHCO_3$ 的热水中,冷却后加水稀释至 250 mL,贮于棕色瓶中,冷藏(4 ℃)约可保存 1 周。每次临用时,以标准抗坏血酸溶液标定。

3. 材料

水果、蔬菜。

四、实验内容

1. 提取

待测的新鲜蔬菜或水果水洗干净,用纱布或吸水纸吸干表面水分。然后称取 20 g,加入 10～20 mL 2‰草酸,研磨成浆状,抽滤,合并滤液,滤液总体积定容至 50 mL。或者研磨后以 2‰草酸洗涤离心(4 000 r·min^{-1},10 min)2～3 次,合并上清液于 50 mL 容量瓶中,定容至刻度。

2. 标准溶液滴定

准确吸取标准抗坏血酸溶液 1 mL 至 100 mL 锥形瓶中,加 9 mL 1‰草酸,以 0.1‰ 2,6-二氯酚靛酚溶液滴定至淡红色,并保持 15 s 不褪色,即达终点。由所用染料的体积计算出 1 mL 染料相当于多少毫克抗坏血酸(取 10 mL 1‰草酸作为空白对照,按以上方法滴定)。

3. 样品滴定

准确吸取滤液 2 份,每份 10 mL,分别放入 2 个锥形瓶内,滴定方法同前。另取 10 mL 1‰草酸做空白对照滴定。

4. 计算

$$维生素 C 含量(mg/100 g 样品) = \frac{(V_A - V_B) \times V_1 \times T \times 100}{V_2 \times W}$$

式中,V_A——滴定样品所耗用染料的平均体积,mL;

V_B——滴定空白对照所耗用染料的平均体积,mL;

V_1——样品提取液的总体积,mL;

V_2——滴定时所取的样品提取液的体积,mL;

T——1 mL 染料能氧化抗坏血酸的质量,mg(由实验内容 2 计算出);

W——待测样品的质量,g。

五、注意事项

1. 某些水果、蔬菜(如橘子、西红柿等)浆状物泡沫太多,可加数滴丁醇或辛醇。
2. 整个操作过程要迅速,防止还原型抗坏血酸被氧化。滴定过程一般不超过 2 min。滴定所用的染料不应小于 1 mL 或多于 4 mL,如果样品含维生素 C 太高或太低时,可酌情增减样液用量或改变提取液稀释倍数。
3. 本实验必须在酸性条件下进行。在此条件下,干扰物反应进行得很慢。
4. 2‰草酸有抑制抗坏血酸氧化酶的作用,而 1‰草酸无此作用。
5. 若提取液中色素很多时,滴定不易看出颜色变化,可用白陶土脱色,或加 1 mL 氯仿,到达终点时,氯仿层呈现淡红色。
6. Fe^{2+} 可还原 2,6-二氯酚靛酚,对含有大量 Fe^{2+} 的样品可用 8‰乙酸溶液代替草酸溶液提取,此时 Fe^{2+} 不会很快与染料起作用。

7.样品中可能有其他杂质还原 2,6-二氯酚靛酚,但反应速度均较抗坏血酸慢,因而滴定开始时,染料要迅速加入,而后尽可能一点一点地加入,并要不断地摇动三角瓶,直至呈粉红色且于 15 s 内不褪即为终点。

六、问题与讨论

1.指出 3~4 种维生素 C 含量丰富的物质。
2.简述维生素 C 的生理学意义。
3.指出本实验采用的定量测定维生素 C 方法的优缺点。
4.对含有大量色素的样品如何测定其中维生素 C 的含量?

实验二十八　油脂过氧化值的测定

一、实验目的

1.初步掌握测定油脂过氧化值的原理和方法。
2.了解测定油脂过氧化值的意义。

二、实验原理

过氧化值是表示油脂和脂肪酸等被氧化程度的一种指标,是 1 kg 样品中活性氧的含量,以过氧化物的毫摩尔数表示,用于说明油脂样品是否因为被氧化而变质。油脂氧化过程中产生的过氧化物、醛、酮等物质氧化能力较强,能将 KI 氧化成游离 I_2,用 $Na_2S_2O_3$ 来滴定。过氧化值可用于衡量油脂酸败程度,一般来说过氧化值越高,其酸败越严重。那些以油脂、脂肪为原料而制作的食品也可以通过检测其过氧化值来判断其质量和变质程度。油脂的过氧化值是指滴定 1 g 油脂所需要的 $Na_2S_2O_3$ 标准溶液的毫升数,或者是用 I_2 的百分比含量所表示的数值。反应原理用方程式表示如下:

$$CH_3COOH + KI \rightarrow CH_3COOK + HI$$
$$ROOH(过氧化物) + 2HI \rightarrow H_2O + I_2 + ROH$$
$$I_2 + 2Na_2S_2O_3 \rightarrow Na_2S_4O_6 + 2NaI$$

三、实验用品

1.仪器

碘量瓶,滴定管,移液管,棕色试剂瓶。

2.试剂

饱和 KI 溶液:称取 14 g KI,加 10 mL 水溶解,必要时微热使其溶解,冷却后贮于棕色瓶中。

三氯甲烷-冰乙酸混合液:量取 40 mL 三氯甲烷,加 60 mL 冰乙酸混匀。

0.002 mol·L^{-1} Na$_2$S$_2$O$_3$ 标准溶液。

1%淀粉指示剂:称取可溶性淀粉 0.5 g,加少许水,调成糊状,倒入 50 mL 沸水中调匀,煮沸。临用时现配。

3.材料

动物油,植物油。

四、实验内容

称取 2.00～3.00 g 混匀(必要时过滤)的样品,置于 250 mL 碘瓶中,加 30 mL 三氯甲烷-冰乙酸混合液,使样品完全溶解。加入 1.00 mL 饱和 KI 溶液,紧密塞好瓶塞,并轻轻振摇 0.5 min,然后在暗处放置 3 min。取出加 100 mL 水,摇匀,立即用 0.002 mol·L^{-1} Na$_2$S$_2$O$_3$ 标准溶液滴定至淡黄色时,加 1 mL 淀粉指示液,继续滴定至蓝色消失时为终点。取相同量三氯甲烷-冰乙酸溶液、KI 溶液、水,按同一方法,做试剂空白实验。

$$X_1 = \frac{(V_1 - V_2) \times c \times 0.126\ 9}{m} \times 100$$

$$X_2 = X_1 \times 78.8$$

式中,X_1——样品的过氧化值,g/100 g;

X_2——样品的过氧化值,meq/kg;

V_1——样品消耗 Na$_2$S$_2$O$_3$ 标准溶液的体积,mL;

V_2——试剂空白消耗 Na$_2$S$_2$O$_3$ 标准溶液的体积,mL;

c——Na$_2$S$_2$O$_3$ 标准溶液的摩尔浓度,mol·L^{-1};

m——样品质量,g;

0.126 9——与 1.00 mL Na$_2$S$_2$O$_3$ 标准溶液[c(Na$_2$S$_2$O$_3$) = 1.000 mol·L^{-1}]相当的 I$_2$ 的质量,g;

78.8——换算因子。

五、注意事项

1.加入 KI 后,静置时间长短以及加水量多少对测定结果均有影响。操作过程中要注意条件一致。

2.淀粉指示剂最好在接近终点时加入,即在 Na$_2$S$_2$O$_3$ 标准溶液滴定 I$_2$ 至浅黄色时再加入淀粉,否则 I$_2$ 和淀粉吸附太牢,终点时颜色不易褪去,致使终点出现过迟,引起误差。

3.三氯甲烷不得含有光气等氧化物,否则应进行处理,方法可参见食品中铅的测定。

4.过氧化值的表示单位:本方法采用百分率(%),但也可用毫克当量/千克(meq/kg)表示,其换算可按下式:POV(meq/kg)×0.012 69＝POV(%),即 POV(meq/kg)＝POV(%)×78.8。

六、问题与讨论

1.滴定完毕后放置一段时间,滴定液应返回蓝色,否则就表示滴定过量(为什么?)。
2.本实验可同时测定一个普通的油脂样品和一个油脂经过食品加工或贮存后的样品,比较它们的过氧化值,并解释其结果。

实验二十九　食品中蛋白质含量的测定——考马斯亮蓝法

一、实验目的

1.掌握考马斯亮蓝法测定蛋白质的原理与方法。
2.熟练掌握分光光度计的使用和操作方法。

二、实验原理

考马斯亮蓝法测定蛋白质浓度,是利用蛋白质-染料结合的原理,定量地测定微量蛋白质浓度的快速、灵敏的方法。

考马斯亮蓝 G-250 存在着两种不同的颜色形式:红色和蓝色。考马斯亮蓝 G-250 在酸性游离状态下呈棕红色,最大光吸收在 465 nm;当它与蛋白质结合后变为蓝色,最大光吸收在 595 nm。

在一定的蛋白质浓度范围内,蛋白质-染料复合物在波长为 595 nm 处的光吸收与蛋白质含量成正比,通过测定 595 nm 处光吸收的增加量可知与其结合蛋白质的量。

蛋白质和考马斯亮蓝 G-250 结合,在 2 min 左右的时间内达到平衡,完成反应十分迅速,其结合物在室温下 1 h 内保持稳定。蛋白质-染料复合物具有很高的消光系数,使得在测定蛋白质浓度时灵敏度很高,可测微克级蛋白质含量。

三、实验用品

1.仪器
分析天平,10 mL 具塞试管,离心管,容量瓶,离心机,研钵,分光光度计等。

2.试剂

考马斯亮蓝试剂：称取 100 mg，溶于 50 mL 95% 乙醇中，加入 85%(m/V)的磷酸 100 mL，最后用蒸馏水定容到 1 000 mL。此溶液在常温下可放置 1 个月。

标准蛋白质溶液：称取 10 mg 牛血清白蛋白，溶于蒸馏水并定容至 100 mL，制成 100 $\mu g \cdot mL^{-1}$ 的原液。

3.样品

绿豆芽。

四、实验内容

1.标准曲线的制作

取 6 支具塞试管，编号后，按下表加入试剂：

管 号	0	1	2	3	4	5
蛋白质标准液体积/mL	0	0.2	0.4	0.6	0.8	1.0
蒸馏水体积/mL	1.0	0.8	0.6	0.4	0.2	0
考马斯亮蓝 G-250 试剂体积/mL	5	5	5	5	5	5
蛋白质含量/μg	0	20	40	60	80	100

盖上塞子，摇匀。放置 2 min 后在 595 nm 波长下比色测定（比色应在 1 h 内完成，测定前可目测待测液蓝色按管号是否由浅变深）。以牛血清白蛋白量(μg)为横坐标，以吸光度为纵坐标，绘出标准曲线。

2.样品中蛋白质含量的测定

(1)准确称取约 200 mg 绿豆芽下胚轴，放入研钵中，加入 5 mL 蒸馏水，在冰浴中研成匀浆，4 000 r·min^{-1} 离心 10 min。将上清液倒入容量瓶，再向残渣中加入 2 mL 蒸馏水，悬浮后再离心 10 min，合并上清液，定容至 10 mL。

(2)另取一支具塞试管，准确加入 0.1 mL 样品提取液，再加入 0.9 mL 蒸馏水、5 mL 考马斯亮蓝 G-250 试剂，充分混合，放置 2 min 后，以标准曲线 0 号试管做参比，在 595 nm 波长下比色记录吸光度。

3.蛋白质含量计算

根据所测样品提取液的吸光度，在标准曲线上查得相应的蛋白质含量(μg)，按下式计算：

$$样品蛋白质含量(\mu g/g 鲜重) = \frac{查得的蛋白质含量(\mu g) \times 提取液总体积(mL)}{样品鲜重(g) \times 测定时取用提取液体积(mL)}$$

五、注意事项

1.如果测定要求很严格，可以在试剂加入后的 5~20 min 内测定光吸收，因为在这段时间内颜色是最稳定的。比色反应需在 1 h 内完成。

2.测定中,蛋白-染料复合物会有少部分吸附于比色杯壁上,实验证明此复合物的吸附量是可以忽略的。测定完后可用乙醇将蓝色的比色杯洗干净。

六、问题与讨论

讨论考马斯亮蓝法测蛋白质含量的应用范围和注意事项。

实验三十　食品中亚硝酸盐含量的测定

一、实验目的

1.熟悉并掌握样品制备、提取的基本操作技能。
2.进一步学习并熟练地掌握分光光度计的使用方法和技能。
3.学习盐酸萘乙二胺比色法测定亚硝酸盐的原理及操作要点。

二、实验原理

样品经沉淀蛋白质、除去脂肪后,在酸性条件下亚硝酸盐与对氨基苯磺酸重氮化后,再与 N-1-萘基乙二胺偶合形成紫红色染料,在波长 538 nm 处有最大吸收,颜色的深浅与亚硝酸盐的含量成正比,可用比色法测定。

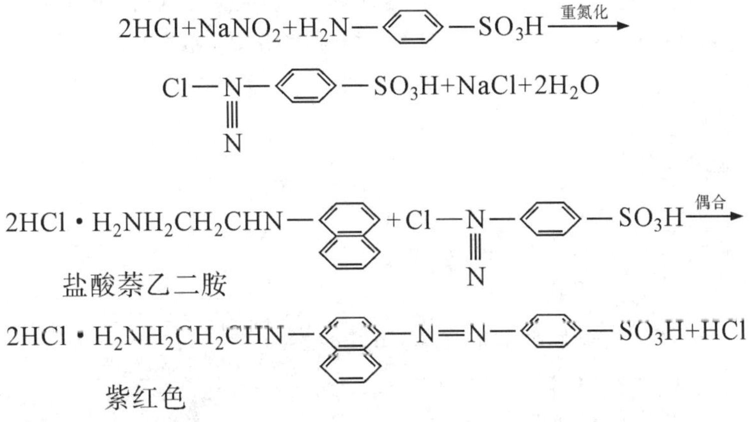

$$2HCl + NaNO_2 + H_2N-\underset{}{\bigcirc}-SO_3H \xrightarrow{重氮化}$$

$$Cl-N\equiv N-\underset{}{\bigcirc}-SO_3H + NaCl + 2H_2O$$

$$2HCl \cdot H_2NH_2CH_2CHN-\underset{}{\bigcirc\!\!\bigcirc} + Cl-N\equiv N-\underset{}{\bigcirc}-SO_3H \xrightarrow{偶合}$$

盐酸萘乙二胺

$$2HCl \cdot H_2NH_2CH_2CHN-\underset{}{\bigcirc\!\!\bigcirc}-N=N-\underset{}{\bigcirc}-SO_3H + HCl$$

紫红色

三、实验用品

1.仪器

可见分光光度计,50 mL 容量瓶,移液管等。

2.试剂

亚铁氰化钾溶液：称取 106 g $K_4Fe_9(CN)_5 \cdot 3H_2O$ 溶于水后，稀释至 1 000 mL。

乙酸锌溶液：称取 220 g $Zn(CH_3COO)_2 \cdot 2H_2O$，加 30 mL 冰乙酸，溶于水，并稀释至 1 000 mL。

饱和硼砂溶液：称取 5 g $Na_2B_4O_7 \cdot 10H_2O$，溶于 100 mL 热水中。

0.4%对氨基苯磺酸溶液：称取 0.4 g 对氨基苯磺酸，溶于 100 mL 20%的 HCl 中。

0.2%盐酸萘乙二胺溶液：称取 0.2 g 盐酸萘乙二胺，溶于 100 mL 水中。

$NaNO_2$ 标准溶液：精密称取 0.100 0 g 于硅胶干燥器中干燥 24 h 的 $NaNO_2$，加水溶解，移入 500 mL 容量瓶中，稀释至刻度。此溶液每毫升相当于 200 μg $NaNO_2$。

$NaNO_2$ 标准使用液：临用前，吸取 $NaNO_2$ 标准溶液 5.00 mL，置于 200 mL 容量瓶中，加水稀释至刻度，此溶液每毫升相当于 5 μg $NaNO_2$。

3.材料

火腿肠。

四、实验内容

1.样品处理

称取 10.0 g 经绞碎混匀的火腿肠，置于 50 mL 烧杯中，加 8 mL 硼砂饱和液，搅拌均匀，然后一面转动一面加入 3 mL 亚铁氰化钾溶液，摇匀，再加入 3 mL 乙酸锌溶液。以 70 ℃左右约 100 mL 水将火腿肠洗入 500 mL 容量瓶内，水浴 15 min，冷却，加水至刻度，摇匀，放置 30 min。用滤纸过滤清液，弃去初滤液 30 mL，滤液备用。

2.测定

吸取 4 mL 上述滤液于 50 mL 容量瓶中，另吸取 0.0 mL、0.2 mL、0.4 mL、0.6 mL、0.8 mL、1.0 mL、1.5 mL、2.0 mL、2.5 mL $NaNO_2$ 应用液，分别置于 9 个 50 mL 容量瓶中。在标准管和样品管中各加入 2 mL 对氨基苯磺酸溶液，混匀，静置 4 min 后分别加入 1 mL 盐酸萘乙二胺溶液，加水至刻度，混匀，15 min 后用 1 cm 比色皿，以零管调零，于 538 nm 处测定吸光度。

3.亚硝酸盐含量计算

$$X = \frac{A}{m \times \frac{V_2}{V_1} \times 1\,000} \times 1\,000$$

式中，X ——试样中亚硝酸盐的含量，$mg \cdot kg^{-1}$；

V_1 ——试样处理液总体积，mL；

V_2 ——测定用样液体积，mL；

m ——试样质量，g；

A ——试样测定液中亚硝酸盐的质量，μg。

五、注意事项

1. 盐酸萘乙二胺有致癌作用。
2. 显色后稳定性与室温有关,一般显色温度为 15～30 ℃时,在 20～30 min 内比色为好。
3. 硼砂饱和液的作用:① 吸收亚硝酸盐的 NO_2^-,使亚硝酸盐的总量不会因加热而减少;② 蛋白质沉淀剂。
4. 亚铁氰化钾溶液和乙酸锌(可用 $ZnSO_4$ 代替)的作用是作蛋白质沉淀剂。原因:亚铁氰化钾溶液和乙酸锌反应,生成亚铁氰化锌沉淀,从而与蛋白质共沉淀。
5. 清液用滤纸过滤后,要弃去初滤液 30 mL。由于滤纸中含有少量铵盐,弃去初滤液是为了除去滤纸中铵盐的干扰。

六、问题与讨论

盐酸萘乙二胺比色法测定亚硝酸盐的原理是什么?

实验三十一　多酚类测定(酒石酸铁比色法)——国家标准方法

一、实验目的

1. 了解多酚类物质测定的原理。
2. 掌握多酚类物质测定的方法。

二、实验原理

在一定的 pH 条件下,酒石酸铁与多酚类物质形成蓝紫色或红紫色的络合物,在波长 540 nm 处比色,在适当浓度范围内,多酚的量与所呈色的深浅成正比,可用分光光度法定量。研究表明,以儿茶酚作为测定标准物可以较好代表茶多酚,一般可用儿茶酚来制作标准曲线。

三、实验用品

1. 仪器

分光光度计,三角瓶,漏斗,定量瓶,移液管,量筒等。

2.药品

儿茶素。

酒石酸铁溶液:称取硫酸亚铁($FeSO_4 \cdot 7H_2O$)1 g 和含 4 个结晶水的酒石酸钾钠 5 g,混合后加蒸馏水溶解,定容到 1 000 mL。该溶液可稳定 10 d。

pH=7.5 的磷酸缓冲液:称取磷酸氢二钠($Na_2HPO_4 \cdot 12H_2O$)60.2 g 和磷酸二氢钠($NaH_2PO_4 \cdot 2H_2O$)5.00 g,混合后加蒸馏水溶解,定容到 1 000 mL。

3.材料

茶叶、苹果皮、紫色菜等。

四、实验内容

1.配制标准溶液

称取儿茶素纯品 0.250 0 g,加水溶解,定容至 250 mL,混匀,即为每毫升含 1 mg 儿茶素的标准溶液。

2.标准曲线的绘制

分别吸取标准溶液 0.0 mL、0.5 mL、1.0 mL、1.5 mL、2.0 mL 于一组 25 mL 棕色量瓶中,各加水至 5 mL,加缓冲液至刻度,混匀后用 1 cm 比色皿,以试剂空白作参比,于波长 540 nm 处测定吸光度,绘制标准曲线。

3.样品制备

以茶汤制备为例:准确称取磨碎试样 3 g,加 450 mL 沸水,在沸水浴中浸提 45 min,每隔 10 min 摇瓶一次,过滤。洗涤残渣,滤液合于 500 mL 定量瓶中,加水定容至刻度,摇匀。

4.测定

准确吸取样液 1 mL,注入 25 mL 容量瓶中,加 4 mL 水、5 mL 酒石酸铁,用缓冲液定容至刻度,混匀。用 1 cm 比色皿,以试剂空白作参比,于波长 540 nm 处测吸光度,从标准曲线查得溶液含多酚的量。

5.结果计算

$$多酚类(\%) = \frac{C}{M \times m \times \frac{L_2}{L_1} \times 10^3} \times 100 \text{ 或 } \frac{E \times 3.913}{1\ 000} \times \frac{L_1}{L_2 \times M \times m} \times 100$$

式中,C——从标准曲线查得测试液中多酚类的量,mg;

E——测试液测得的吸光度;

3.913——按上述操作条件,当吸光度等于 1.0 时,每毫升试液中多酚类的量,mg;

M——试样量,g;

m——试样干物率$\left[\dfrac{试样干后质量(g)}{试样原始质量(g)} \times 100\right]$,%;

L_1——总试液量,mL;

L_2——所取试液量,mL。

五、注意事项

1. 磷酸盐缓冲液在常温下易发霉,应当冷藏。
2. 酒石酸铁比色法是测定多酚物质总量的方法之一,并被认为是测定茶多酚精度较高的方法,这种方法也适用于含有儿茶酚和无色花色素结构的多酚类物质的其他食品。酒石酸铁与单酚、二酚和三酚络合产物的颜色随着酚羟基的增加而加深,使测定结果偏高,可根据各种食品中多酚物质的种类选择合适的标准物质制作标准曲线,以减小这种误差。

六、问题与讨论

多酚类测定还有哪些方法?

实验三十二　食品中还原糖的测定

一、实验目的

1. 掌握 3,5-二硝基水杨酸比色法测定糖的原理和方法。
2. 熟悉分光光度计的使用。

二、实验原理

还原糖就是指含自由醛基或酮基的糖类。单糖都是还原糖,寡糖有一部分为还原糖,多糖都是还原糖。本实验是利用 3,5-二硝基水杨酸与还原糖共热后被还原成棕红色的氨基化合物,在一定浓度范围内,还原糖的量和棕红色物质颜色的深浅成一定比例关系,可以用分光光度计进行测定。

三、实验用品

1. 仪器

水浴锅,台秤,分光光度计,容量瓶,量筒,三角瓶等。

2. 试剂

3,5-二硝基水杨酸(DNS)试剂:量取 6.3 g DNS 和 262 mL 2 mol·L^{-1} NaOH 溶液,加到 500 mL 含有 182 g 酒石酸钾钠的热水溶液中,再加 5 g 结晶酚和 5 g Na$_2$SO$_3$,搅拌溶液,冷却后加水定容到 1 000 mL,贮于棕色瓶中。

1 000 μg·mL^{-1}葡萄糖标准溶液:准确称取干燥恒重的葡萄糖1 g,加少许蒸馏水溶解后再加3 mL 12 mol·L^{-1} HCl溶液(防止微生物生长),以蒸馏水定容至1 000 mL。
2 mol·L^{-1} NaOH溶液,6 mol·L^{-1} HCl溶液,酚酞指示剂。

3.材料

土豆粉。

四、实验内容

1.样品中还原糖的提取

称取土豆粉0.5 g于三角瓶中,先以少量蒸馏水调成糊状,再加50~60 mL蒸馏水摇匀,50 ℃保温20 min,使还原糖浸出,定容到100 mL容量瓶,过滤,取滤液待用。

2.标准曲线的制作

取6支试管,分别标上0、1、2、3、4、5六个编号,按下表所列的次序添加各试剂。

试 剂	试管号					
	0	1	2	3	4	5
1 000 μg·mL^{-1}葡萄糖标准溶液体积/mL	0	0.1	0.2	0.3	0.4	0.5
蒸馏水体积/mL	0.5	0.4	0.3	0.2	0.1	0
葡萄糖最终浓度/(μg·mL^{-1})	0	200	400	600	800	1 000

分别向各试管中加入0.5 mL DNS试剂,混合均匀,在沸水浴上加热5 min,取出后用冷水冷却,每管再加入4 mL蒸馏水稀释,最后用空白管(0号管)溶液调零点,在分光光度计上以540 nm波长比色测出光密度值(OD)。

以葡萄糖浓度(μg·mL^{-1})为横坐标,以OD值为纵坐标,作葡萄糖的标准曲线。

3.样品中还原糖的测定

取第1步滤取的还原糖滤液0.5 mL,加入0.5 mL DNS试剂,混匀,与标准曲线做同样处理。根据样品所得的OD值,在标准曲线上查出还原糖浓度,并按下式计算土豆粉中还原糖的百分含量。

$$还原糖(\%) = \frac{还原糖浓度(\mu g \cdot mL^{-1})}{样品质量(g)} \times 10^{-2}$$

六、问题与讨论

1.DNS方法测定的原理是什么?
2.还原糖的计算公式是如何推导出来的?

附录

附录1 相对原子质量表(2007年)

元素	符号名称	相对原子质量	元素	符号名称	相对原子质量	元素	符号名称	相对原子质量
Ac	锕	[227.0277]	Co	钴	58.933194(4)	I	碘	126.90447(3)
Ag	银	107.8682(2)	Cr	铬	51.9961(6)	In	铟	114.818(3)
Al	铝	26.9815385(7)	Cs	铯	132.90545196(6)	Ir	铱	192.217(3)
Am	镅	[243.0614]	Cu	铜	63.546(3)	K	钾	39.0983(1)
Ar	氩	39.948(1)	Db	𬭊	[262.1141]	Kr	氪	83.798(2)
As	砷	74.921595(6)	Ds	鿏	[271]	La	镧	138.90547(7)
At	砹	[209.9871]	Dy	镝	162.500(1)	Li	锂	6.941(2)
Au	金	196.966569(5)	Er	铒	167.259(3)	Lr	铹	[262.1097]
B	硼	10.811(7)	Es	锿	[252.0830]	Lu	镥	174.9668(1)
Ba	钡	137.327(7)	Eu	铕	151.964(1)	Md	钔	[258.0984]
Be	铍	9.0121831(3)	F	氟	18.998403163(6)	Mg	镁	24.3050(6)
Bh	𬭛	[264.1201]	Fe	铁	55.845(2)	Mn	锰	54.938044(3)
Bi	铋	208.98040(1)	Fm	镄	[257.0591]	Mo	钼	95.95(1)
Bk	锫	[247.0703]	Fr	钫	[223.0197]	Mt	䥑	[268]
Br	溴	79.904(1)	Ga	镓	69.723(1)	N	氮	14.0067(2)
C	碳	12.0107(8)	Gd	钆	157.25(3)	Na	钠	22.98976928(2)
Ca	钙	40.078(4)	Ge	锗	72.64(1)	Nb	铌	92.90637(2)
Cd	镉	112.414(4)	H	氢	1.00794(7)	Nd	钕	144.242(3)
Ce	铈	140.116(1)	He	氦	4.002602(2)	Ne	氖	20.1797(6)
Cf	锎	[251.0796]	Hf	铪	178.49(2)	Ni	镍	58.6934(4)
Cl	氯	35.453(2)	Hg	汞	200.59(2)	No	锘	[259.1010]
Cm	锔	[247.0704]	Ho	钬	164.93033(2)	Np	镎	[237.0482]
Cn	鎶	[285]	Hs	𫟼	[277]	O	氧	15.9994(3)

续表

元素	符号名称	相对原子质量	元素	符号名称	相对原子质量	元素	符号名称	相对原子质量
Os	锇	190.23(3)	Rh	铑	102.90550(2)	Te	碲	127.60(3)
P	磷	30.973761998(5)	Rn	氡	[222.0176]	Th	钍	232.0377(4)
Pa	镤	231.03588(2)	Ru	钌	101.07(2)	Ti	钛	47.867(1)
Pb	铅	207.2(1)	S	硫	32.065(5)	Tl	铊	204.3833(2)
Pd	钯	106.42(1)	Sb	锑	121.760(1)	Tm	铥	168.93422(2)
Pm	钷	144.9(2)	Sc	钪	44.955908(5)	U	铀	238.02891(3)
Po	钋	[208.9824]	Se	硒	78.971(8)	V	钒	50.9415(1)
Pr	镨	140.90766(2)	Sg	𨭆	[266.1219]	W	钨	183.84(1)
Pt	铂	195.084(9)	Si	硅	28.0855(3)	Xe	氙	131.293(6)
Pu	钚	[239.0642]	Sm	钐	150.36(2)	Y	钇	88.90584(2)
Ra	镭	[226.0245]	Sn	锡	118.710(7)	Yb	镱	173.054(5)
Rb	铷	85.4678(3)	Sr	锶	87.62(1)	Zn	锌	65.38(2)
Re	铼	186.207(1)	Ta	钽	180.94788(2)	Zr	锆	91.224(2)
Rf	𬬻	[261.1088]	Tb	铽	158.92535(2)			
Rg	𬬭	[272]	Tc	锝	98.9072(4)			

附录2 常见化合物的相对分子质量表（2007年）

分子式	相对分子质量	分子式	相对分子质量
AgBr	187.77	CaO	56.077
AgCl	143.32	$Ca(OH)_2$	74.093
AgCN	133.89	$Ca_3(PO_4)_2$	310.18
Ag_2CrO_4	331.73	$CaSO_4$	136.14
AgI	234.77	$CdCO_3$	172.41
$AgNO_3$	169.87	$CdCl_2$	183.33
AgSCN	165.95	CdS	144.47
$AlCl_3$	133.33	$Ce(SO_4)_2$	332.24
Al_2O_3	101.96	CH_3COOH	60.05
$Al(OH)_3$	78.00	$CoCl_2$	129.84
$Al_2(SO_4)_3$	342.17	CoS	90.99
As_2O_3	197.84	$CoSO_4$	154.99
As_2O_5	229.84	$CO(NH_2)_2$	60.05
As_2S_3	246.05	CO_2	44.010
$BaCO_3$	197.31	$CrCl_3$	158.36
BaC_2O_4	225.32	Cr_2O_3	151.99
$BaCl_2$	208.25	CuCl	99.00
$BaCl_2 \cdot 2H_2O$	244.26	$CuCl_2$	134.45
$BaCrO_4$	253.32	CuI	190.45
BaO	153.33	CuO	79.545
$Ba(OH)_2$	171.35	Cu_2O	143.09
$Ba(OH)_2 \cdot 8H_2O$	315.47	CuS	95.62
$BaSO_4$	233.39	$CuSO_4$	159.62
$CaCl_2$	110.99	$CuSO_4 \cdot 5H_2O$	249.69
$CaCO_3$	100.09	$FeCl_3$	162.21
CaC_2O_4	128.10	FeO	71.844

续表

分子式	相对分子质量	分子式	相对分子质量
Fe_2O_3	159.69	K_2CO_3	138.21
Fe_3O_4	231.53	KCN	65.12
$Fe(OH)_2$	89.854	K_2CrO_4	194.19
$Fe(OH)_3$	106.88	$K_2Cr_2O_7$	294.19
$FeSO_4 \cdot 7H_2O$	278.02	KH_2PO_4	136.09
$FeSO_4 \cdot (NH_4)_2SO_4 \cdot 6H_2O$	392.14	$KHSO_4$	136.17
H_3AsO_3	125.94	$KHC_4H_4O_6$	188.18
H_3AsO_4	141.94	$KHC_8H_4O_4$	204.22
H_3BO_3	61.833	KI	166.00
HCl	36.461	KIO_3	214.00
H_2CO_3	62.03	$KIO_3 \cdot HIO_3$	389.91
$HClO_4$	100.46	$KMnO_4$	158.03
$H_2C_2O_4 \cdot 2H_2O$	126.07	KNO_2	85.100
HF	20.01	KNO_3	101.10
HI	127.91	K_2O	94.20
HIO_3	175.61	KOH	56.106
HNO_3	63.013	K_2PtCl_6	486.00
H_2O	18.015	$KSCN$	97.182
H_2O_2	34.015	K_2SO_4	174.27
H_3PO_4	97.995	$K(SbO)C_4H_4O_6 \cdot 1/2H_2O$	333.93
H_2S	34.08	$MgCO_3$	84.314
H_2SO_4	98.080	$MgCl_2$	95.211
$HgCl_2$	271.50	MgC_2O_4	112.33
Hg_2Cl_2	472.09	$MgNH_4PO_4 \cdot 6H_2O$	245.41
HgI_2	454.40	MgO	40.304
HgO	216.59	$Mg(OH)_2$	58.320
HgS	232.65	$Mg_2P_2O_7$	222.55
$HgSO_4$	296.67	$MgSO_4 \cdot 7H_2O$	246.48
I_2	253.81	$MnCO_3$	114.95
$KAl(SO_4)_2 \cdot 12H_2O$	474.39	$MnCl_2 \cdot 4H_2O$	197.91
KBr	119.00	MnO_2	86.94
$KBrO_3$	167.00	MnS	87.01
KCl	74.551	$MnSO_4 \cdot 4H_2O$	223.06
$KClO_4$	138.55	$Na_2B_4O_7 \cdot 10H_2O$	381.37

续表

分子式	相对分子质量	分子式	相对分子质量
NaBr	102.89	$NiSO_4 \cdot 7H_2O$	132.15
NaCl	58.489	$PbCl_2$	278.10
Na_2CO_3	105.99	$PbCO_3$	267.21
$Na_2C_2O_4$	134.00	$PbCrO_4$	321.19
$NaC_7H_5O_2$（苯甲酸钠）	144.11	P_2O_5	141.94
$Na_3C_6H_5O_7 \cdot 2H_2O$（枸橼酸钠）	294.12	PbO_2	239.20
$NaHCO_3$	84.007	$Pb_3(PO_4)_2$	811.54
$Na_2HPO_4 \cdot 12H_2O$	358.14	$PbSO_4$	303.26
$Na_2H_2Y \cdot 2H_2O$（EDTA 二钠盐）	372.24	SO_2	64.065
$NaNO_2$	69.000	SO_3	80.064
$NaNO_3$	85.00	SiF_4	104.08
Na_2O	61.979	SiO_2	60.085
NaOH	39.997	$SnCl_2$	189.60
Na_2SO_4	142.05	$SnCl_4$	260.50
$Na_2S_2O_3$	158.11	$SrCO_3$	147.63
$Na_2S_2O_3 \cdot 5H_2O$	248.19	$SrCrO_4$	203.62
NH_3	17.031	$SrSO_4$	183.68
NH_4Cl	53.491	$ZnBr_2$	225.22
$(NH_4)_2CO_3$	96.09	$ZnCO_3$	125.39
$(NH_4)_2C_2O_4$	124.10	$ZnCl_2$	136.29
NH_4HCO_3	79.06	$Zn(CH_3COO)_2$	183.48
$(NH_4)_2HPO_4$	132.06	$Zn(CN)_2$	117.43
$(NH_4)_2MoO_4$	196.01	ZnF_2	103.37
NH_4NO_3	80.04	ZnI_2	319.20
NH_4OH	35.046	$Zn(NO_3)_2 \cdot 6H_2O$	297.49
$(NH_4)_3PO_4 \cdot 12MoO_3$	1876.4	ZnO	81.408
$(NH_4)_2SO_4$	132.14	$Zn_3(PO_4)_2$	386.11
NH_4VO_3	116.98	ZnS	97.44
$NiCl_2 \cdot 6H_2O$	237.69	$ZnSO_4$	161.46
$Ni(OH)_2 \cdot 6H_2O$	92.714	$ZnSO_4 \cdot 7H_2O$	287.57
$Ni(NO_3)_2 \cdot 6H_2O$	290.81	$Zn(CN)_2$	117.43

附录3 几种常用酸碱的密度和浓度

试剂名称	化学式	相对密度/(g·mL^{-1})	质量分数/%	物质的量浓度/(mol·L^{-1})
浓硫酸	H_2SO_4	1.84	96	18
稀硫酸	H_2SO_4	1.18	25	3
浓盐酸	HCl	1.19	37	12
稀盐酸	HCl	1.10	20	6
稀盐酸	HCl	1.03	7	2
浓硝酸	HNO_3	1.42	70	16
稀硝酸	HNO_3	1.20	33	6
稀硝酸	HNO_3	1.07	12	2
浓磷酸	H_3PO_4	1.7	85	14.7
冰乙酸	CH_3COOH	1.05	99	17.5
浓高氯酸	$HClO_4$	1.67	70	11.6
浓氨水	NH_3	0.91	28	14.8
稀氨水	NH_3	0.98	4	2
浓氢氧化钠	NaOH	1.43	40	14
稀氢氧化钠	NaOH	1.09	8	2

附录 4　常用指示剂的配制方法

4.1 酸碱指示剂(291～298 K)

名　称	pH 变色范围	颜色变化	配制方法
百里酚蓝,1 g·L^{-1}（麝香草酚蓝）（第一变色范围）	1.2～2.8	红至黄	0.1 g 指示剂溶于 100 mL 20%乙醇中
甲基紫,1 g·L^{-1}（第三变色范围）	2.0～3.0	蓝至紫	1 g·L^{-1} 水溶液
茜素黄 R,1 g·L^{-1}（第一变色范围）	1.9～3.3	红至黄	1 g·L^{-1} 水溶液
二甲基黄,1 g·L^{-1}	2.9～4.0	红至黄	0.1 g 指示剂溶于 100 mL 90%乙醇中
甲基橙,1 g·L^{-1}	3.1～4.4	红至橙黄	1 g·L^{-1} 水溶液
溴酚蓝,1 g·L^{-1}	3.0～4.6	黄至蓝	0.1 g 指示剂溶于 100 mL 20% 乙醇中
刚果红,1 g·L^{-1}	3.0～5.2	蓝紫至红	1 g·L^{-1} 水溶液
溴甲酚绿,1 g·L^{-1}	3.8～5.4	黄至蓝	0.1 g 指示剂溶于 100 mL 20%乙醇中
甲基红,1 g·L^{-1}	4.4～6.2	红至黄	0.1 g 指示剂溶于 100 mL 60%乙醇中
溴酚红,1 g·L^{-1}	5.0～6.8	黄至红	0.1 g 指示剂溶于 100 mL 20%乙醇中
溴甲酚紫,1 g·L^{-1}	5.2～6.8	黄至紫红	0.1 g 指示剂溶于 100 mL 20%乙醇中
溴百里酚蓝,1 g·L^{-1}	6.0～7.6	黄至蓝	0.1 g 指示剂溶于 100 mL 20%乙醇中
中性红,1 g·L^{-1}	6.8～8.0	红至亮黄	0.1 g 指示剂溶于 100 mL 60%乙醇中
酚红,1 g·L^{-1}	6.8～8.0	黄至红	0.1 g 指示剂溶于 100 mL 20%乙醇中
甲酚红,1 g·L^{-1}	7.2～8.8	亮黄至紫红	0.1 g 指示剂溶于 100 mL 50%乙醇中
百里酚蓝,1 g·L^{-1}（麝香草酚蓝）（第二变色范围）	8.0～9.0	黄至蓝	参看第一变色范围
酚酞,1 g·L^{-1}	8.2～10.0	无色至紫红	0.1 g 指示剂溶于 100 mL 60%乙醇中
百里酚酞,1 g·L^{-1}	9.4～10.6	无色至蓝	0.1 g 指示剂溶于 100 mL 90%乙醇中

4.2 混合酸碱指示剂

指示剂溶液的组成	变色点 pH	颜色变化		备 注
		酸色	碱色	
4 份 2 g·L^{-1}溴甲酚绿乙醇溶液, 1 份 2 g·L^{-1}二甲基黄乙醇溶液	3.9	橙	绿	变色点黄色
3 份 1 g·L^{-1}溴甲酚绿乙醇溶液, 1 份 2 g·L^{-1}甲基红乙醇溶液	5.1	酒红	绿	
1 份 1 g·L^{-1}中性红乙醇溶液, 1 份 1 g·L^{-1}次甲基蓝乙醇溶液	7.0	蓝紫	绿	pH=7.0 蓝紫
1 份 1 g·L^{-1}甲酚红 50％乙醇溶液, 6 份 1 g·L^{-1}百里酚蓝 50％乙醇溶液	8.3	黄	紫	pH=8.2 玫瑰色 pH=8.4 紫色 变色点微红色

4.3 常用金属指示剂及其配制

指示剂名称	适用 pH 范围	直接滴定的离子	终点颜色变化	配制方法
铬黑 T(EBT)	8～11	Mg^{2+}、Zn^{2+}、Cd^{2+}、Pb^{2+}等	酒红→蓝	0.1 g 铬黑 T 和 10 g NaCl,研磨均匀
二甲酚橙（XO）	<6.3	Bi^{3+}、Zn^{2+}、Cd^{2+}、Pb^{2+}、Hg^{2+}及稀土离子等	紫红→亮黄	0.2％水溶液
钙指示剂	12～12.5	Ca^{2+}	酒红→蓝	0.05 g 钙指示剂和 10 g NaCl,研磨均匀
吡啶偶氮萘酚（PAN）	1.9～12.2	Bi^{3+}、 Cu^{2+}、 Ni^{2+}、Th^{4+}等	紫红→黄	0.1％乙醇溶液
钙镁试剂	8～12		蓝→橙红	0.05％水溶液

4.4 沉淀滴定常用指示剂及其配制

指示剂名称	被测离子和滴定条件	终点颜色变化	溶液配制方法
铬酸钾	Cl^-、Br^-,中性或弱碱性	黄色→砖红色	5％水溶液
铁铵矾（硫酸铁铵）	Br^-、I^-、SCN^-,酸性	无色→红色	8％水溶液
荧光黄	Cl^-、I^-、SCN^-、Br^-,中性	黄绿→玫瑰红,黄绿→橙	0.1％乙醇溶液
曙红	Br^-、I^-、SCN^-,pH 1～2	橙→深红	0.1％乙醇溶液 （或 0.5％钠盐水溶液）

4.5 氧化还原滴定常用指示剂及其配制

指示剂名称	变色电势 $E^{\ominus}/V$	终点颜色变化	溶液配制方法
中性红	0.24	无色 → 红色	0.5 g 指示剂溶于 100 mL 60%乙醇
次甲基蓝	0.532	无 → 蓝	0.05%水溶液
二苯胺	0.76	紫 → 无	10 g·L^{-1} 浓 H_2SO_4 溶液
二苯胺磺酸钠	0.85	紫 → 无	5 g·L^{-1} 水溶液
邻苯胺基苯甲酸	0.89	无 → 紫红	0.1 g 指示剂加 20 mL 5% Na_2CO_3 溶液,用水稀释至 100 mL
邻二氮菲-Fe(Ⅱ)	1.06	浅蓝 → 红	1.485 g 加 0.965 g $FeSO_4$,溶解,稀释 100 mL (0.025 mol·L^{-1}水溶液)

附录5　常用缓冲溶液的配制方法

缓冲液组成	pK_a	缓冲液pH	缓冲液配制方法
氨基乙酸-HCl	2.35 pK_{a1}	2.3	取氨基乙酸150 g溶于500 mL水中后,加浓HCl 80 mL,用水稀释至1 L
H_3PO_4-枸橼酸盐		2.5	取$Na_2HPO_4 \cdot 12H_2O$ 113 g溶于200 mL水后,加枸橼酸387 g,溶解,过滤,稀释至1 L
一氯乙酸-NaOH	2.86	2.8	取200 g一氯乙酸溶于200 mL水中,加NaOH 40 g溶解后,稀释至1 L
邻苯二甲酸氢钾-HCl	2.95 pK_{a1}	2.9	取500 g邻苯二甲酸氢钾溶于500 mL水中,加浓HCl 80 mL,稀释至1 L
NH_4Ac-HAc		4.5	取NH_4Ac 77 g溶于200 mL水中,加冰HAc 59 mL,稀释至1 L
NaAc-HAc	4.74	4.7	取无水NaAc 83 g溶于水中,加冰HAc 60 mL,稀释至1 L
NaAc-HAc	4.74	5.0	取无水NaAc 160 g溶于水中,加冰HAc 60 mL,稀释至1 L
NH_4Ac-HAc		5.0	取NH_4Ac 250 g溶于水中,加冰HAc 25 mL,稀释至1 L
六次甲基四胺-HAc	5.15	5.4	取六次甲基四胺40 g溶于200 mL水中,加浓HCl 10 mL,稀释至1 L
NH_4Ac-HAc		6.0	取NH_4Ac 600 g溶于水中,加冰HAc 20 mL,稀释至1 L
NaAc-H_3PO_4盐		8.0	取无水NaAc 50 g和$Na_2HPO_4 \cdot 12H_2O$ 50 g溶于水中,稀释至1 L
Tris-HCl[三羟甲基氨基甲烷$CNH_2-(HOCH_3)_3$]	8.21	8.2	取25 g Tris试剂溶于水中,加浓HCl 8 mL,稀释至1 L
NH_3-NH_4Cl	9.26	9.2	取NH_4Cl 54 g溶于水中,加浓氨水63 mL,稀释至1 L
NH_3-NH_4Cl	9.26	9.5	取NH_4Cl 54 g溶于水中,加浓氨水126 mL,稀释至1 L
NH_3-NH_4Cl	9.26	10.0	取NH_4Cl 54 g溶于水中,加浓氨水300 mL,稀释至1 L

注:(1)缓冲液配制后可用pH试纸检查。如pH值不对,可用共轭酸或碱调节。pH值欲调节精确时,可用pH计调节。

(2)若需增加或减少缓冲液的缓冲容量时,可相应增加或减少共轭酸碱对物质的量,再行调节。

附录6 常用基准物质

基准物质		干燥条件	标定对象
名称	分子式		
无水碳酸钠	Na_2CO_3	270~300 ℃干燥至恒重	酸
硼砂	$Na_2B_4O_7 \cdot 10H_2O$	放在装有 NaCl 和饱和蔗糖溶液的密闭器皿中	酸
碳酸氢钾	$KHCO_3$	270~300 ℃干燥至恒重	酸
二水合草酸	$H_2C_2O_4 \cdot 2H_2O$	室温下空气中干燥	碱或 $KMnO_4$
邻苯二甲酸氢钾	$KHC_8H_4O_4$	105~110 ℃干燥至恒重	碱
重铬酸钾	$K_2Cr_2O_7$	140~150 ℃干燥至恒重	还原剂
溴酸钾	$KBrO_3$	130 ℃干燥至恒重	还原剂
碘酸钾	KIO_3	130 ℃干燥至恒重	还原剂
铜	Cu	室温下干燥器中保存	还原剂
三氧化二砷	As_2O_3	硫酸干燥器中干燥至恒重	氧化剂
草酸钠	$Na_2C_2O_4$	105 ℃干燥至恒重	氧化剂
碳酸钙	$CaCO_3$	110 ℃干燥至恒重	EDTA
锌	Zn	室温下干燥器中保存	EDTA
氧化锌	ZnO	900~1 000 ℃	EDTA
氯化钠	NaCl	500~600 ℃	$AgNO_3$
氯化钾	KCl	500~600 ℃	$AgNO_3$
硝酸银	$AgNO_3$	220~250 ℃	氯化物

附录7 常用弱酸、弱碱在水中的解离常数（25℃，$I=0$）

物 质	解离常数	p$K^\ominus$	物 质	解离常数	p$K^\ominus$
H_3AsO_4	$K_{a1}^\ominus=5.5\times10^{-3}$	2.26	$H_4P_2O_7$（焦磷酸）	$K_{a1}^\ominus=3.0\times10^{-2}$	1.52
	$K_{a2}^\ominus=1.7\times10^{-7}$	6.76		$K_{a2}^\ominus=4.4\times10^{-3}$	2.36
	$K_{a3}^\ominus=5.1\times10^{-12}$	11.29		$K_{a3}^\ominus=2.5\times10^{-7}$	6.60
$HAsO_2$	$K_a^\ominus=6.0\times10^{-10}$	9.22		$K_{a4}^\ominus=5.6\times10^{-10}$	9.25
H_3BO_3（20℃）	$K_a^\ominus=1.9\times10^{-10}$	9.27	H_3PO_3	$K_{a1}^\ominus=5.0\times10^{-2}$	1.30
$H_2B_4O_7$	$K_{a1}^\ominus=1.0\times10^{-4}$	4.00		$K_{a2}^\ominus=2.5\times10^{-7}$	6.60
	$K_{a2}^\ominus=1.0\times10^{-9}$	9.00	H_2S	$K_{a1}^\ominus=9.1\times10^{-8}$	7.04
$HBrO$	$K_a^\ominus=2.0\times10^{-9}$	8.55		$K_{a2}^\ominus=1.1\times10^{-12}$	11.96
H_2CO_3	$K_{a1}^\ominus=4.3\times10^{-7}$	6.37	H_2SO_3	$K_{a1}^\ominus=1.4\times10^{-2}$	1.85
	$K_{a2}^\ominus=4.8\times10^{-11}$	10.32		$K_{a2}^\ominus=6.3\times10^{-8}$	7.20
HCN	$K_a^\ominus=7.2\times10^{-10}$	9.14	H_2SiO_3	$K_{a1}^\ominus=1.7\times10^{-10}$	9.77
$HClO$	$K_a^\ominus=3.9\times10^{-8}$	7.40		$K_{a2}^\ominus=1.6\times10^{-12}$	11.80
H_2CrO_4	$K_{a1}^\ominus=1.8\times10^{-1}$	0.74	$HCOOH$	$K_a^\ominus=1.8\times10^{-4}$	3.75
	$K_{a2}^\ominus=3.2\times10^{-7}$	6.49	CH_3COOH	$K_a^\ominus=1.7\times10^{-5}$	4.77
HF	$K_a^\ominus=6.3\times10^{-4}$	3.20	$H_2C_2O_4$	$K_{a1}^\ominus=5.6\times10^{-2}$	1.25
HIO_3	$K_a^\ominus=1.7\times10^{-1}$	0.78		$K_{a2}^\ominus=5.4\times10^{-5}$	4.27
HIO	$K_a^\ominus=3.2\times10^{-11}$	10.50	$CH_2ClCOOH$	$K_a^\ominus=1.3\times10^{-3}$	2.87
HNO_2	$K_a^\ominus=5.6\times10^{-4}$	3.25	$CHCl_2COOH$	$K_a^\ominus=4.5\times10^{-2}$	1.35
H_2O_2	$K_a^\ominus=2.4\times10^{-12}$	11.62	$CH_3CHOHCOOH$	$K_a^\ominus=1.4\times10^{-4}$	3.86
H_2SO_4	$K_{a2}^\ominus=1.0\times10^{-2}$	1.99	C_6H_5COOH（苯甲酸）	$K_a^\ominus=6.2\times10^{-5}$	4.21
H_3PO_4	$K_{a1}^\ominus=6.9\times10^{-3}$	2.16	$C_8H_6O_4$	$K_{a1}^\ominus=1.1\times10^{-3}$	2.95
	$K_{a2}^\ominus=6.1\times10^{-8}$	7.21	（邻苯二甲酸）	$K_{a2}^\ominus=3.9\times10^{-6}$	5.41
	$K_{a3}^\ominus=4.8\times10^{-13}$	12.32	C_6H_5OH（苯酚）	$K_a^\ominus=1.1\times10^{-10}$	9.95

续表

物 质	解离常数	p$K^{\ominus}$	物 质	解离常数	p$K^{\ominus}$
$C_6H_8O_7$	$K_{a1}^{\ominus}=7.4\times10^{-4}$	3.13	$NH_3 \cdot H_2O$	$K_b^{\ominus}=1.8\times10^{-5}$	4.75
（柠檬酸）	$K_{a2}^{\ominus}=1.7\times10^{-5}$	4.76	H_2NNH_2	$K_{b1}^{\ominus}=3.0\times10^{-6}$	5.52
	$K_{a3}^{\ominus}=4.0\times10^{-7}$	6.40		$K_{b2}^{\ominus}=1.7\times10^{-15}$	14.77
$C_6H_8O_6$	$K_{a1}^{\ominus}=6.8\times10^{-5}$	4.17	NH_2OH	$K_b^{\ominus}=9.1\times10^{-6}$	5.04
（抗坏血酸）	$K_{a2}^{\ominus}=2.8\times10^{-12}$	11.56	CH_3NH_2	$K_b^{\ominus}=4.2\times10^{-4}$	3.38
$C_7H_6O_3$（水杨酸）	$K_{a1}^{\ominus}=1.3\times10^{-3}$	2.89	$C_2H_5NH_2$	$K_b^{\ominus}=5.6\times10^{-4}$	3.25
	$K_{a2}^{\ominus}=8\times10^{-14}$	13.10	$(CH_3)_2NH$	$K_b^{\ominus}=1.2\times10^{-4}$	3.93
$C_4H_6O_6$（酒石酸）	$K_{a1}^{\ominus}=9.1\times10^{-4}$	3.04	$(C_2H_5)_2NH$	$K_b^{\ominus}=1.3\times10^{-3}$	2.89
	$K_{a2}^{\ominus}=4.3\times10^{-5}$	4.37	$HOCH_2CH_2NH_2$	$K_b^{\ominus}=3.2\times10^{-5}$	4.50
EDTA	$K_{a1}^{\ominus}=1.3\times10^{-1}$	0.9	$(HOCH_2CH_2)_3N$	$K_b^{\ominus}=5.8\times10^{-7}$	6.24
	$K_{a2}^{\ominus}=3.0\times10^{-2}$	1.60	$(CH_2)_6N_4$	$K_b^{\ominus}=1.4\times10^{-9}$	8.85
	$K_{a3}^{\ominus}=8.5\times10^{-3}$	2.07	$H_2NHC_2CH_2NH_2$	$K_{b1}^{\ominus}=8.5\times10^{-5}$	4.07
	$K_{a4}^{\ominus}=2.1\times10^{-3}$	2.67		$K_{b2}^{\ominus}=7.1\times10^{-8}$	7.15
	$K_{a5}^{\ominus}=6.9\times10^{-7}$	6.17	C_5H_5N（吡啶）	$K_b^{\ominus}=1.7\times10^{-5}$	4.77
	$K_{a6}^{\ominus}=5.5\times10^{-11}$	10.26			
DTPA	$K_{a1}^{\ominus}=1.29\times10^{-2}$	1.89			
	$K_{a2}^{\ominus}=1.62\times10^{-3}$	2.79			
	$K_{a3}^{\ominus}=5.13\times10^{-5}$	4.29			
	$K_{a4}^{\ominus}=2.46\times10^{-9}$	8.61			
	$K_{a5}^{\ominus}=3.81\times10^{-11}$	10.42			

注：数据主要摘自 David R. Lide. CRC Handbook of Chemistry and Physics. 87th ed，2006—2007，8-40～41，8-42～51.

以上数据除注明温度的外，其余均在 25 ℃测定。

附录8 难溶化合物的溶度积常数(25 ℃)

化合物	$K_{sp}^{\ominus}$	化合物	$K_{sp}^{\ominus}$
AgBr	5.35×10^{-13}	$Ca_3(PO_4)_2$	2.07×10^{-33}
Ag_2CO_3	8.46×10^{-12}	$CaSO_4$	4.93×10^{-5}
$Ag_2C_2O_4$	3.4×10^{-11}	$CdCO_3$	5.2×10^{-12}
AgCl	1.77×10^{-10}	$CdC_2O_4\cdot 3H_2O$	9.1×10^{-8}
Ag_2CrO_4	1.12×10^{-12}	$Cd(OH)_2$	7.2×10^{-15}
$Ag_2Cr_2O_7$	2.0×10^{-7}	CdS	8.0×10^{-27}
AgI	8.52×10^{-17}	$Co(OH)_2$(蓝)	5.92×10^{-15}
AgOH	2.0×10^{-8}	CoS(α)	4.0×10^{-21}
Ag_3PO_4	1.4×10^{-16}	CoS(β)	2.0×10^{-25}
Ag_2S	6.3×10^{-50}	$Cr(OH)_2$	2.0×10^{-16}
Ag_2SO_4	1.20×10^{-5}	$Cr(OH)_3$	6.3×10^{-31}
AgSCN	1.03×10^{-12}	$CrPO_4$	1.0×10^{-17}
$AlAsO_4$	1.6×10^{-16}	CuCl	1.2×10^{-6}
$Al(OH)_3$	1.3×10^{-33}	$CuCO_3$	1.4×10^{-10}
$AlPO_4$	6.3×10^{-19}	CuC_2O_4	2.3×10^{-8}
As_2S_3	2.1×10^{-22}	$CuCrO_4$	3.6×10^{-6}
$BaCO_3$	8.0×10^{-9}	CuI	1.1×10^{-12}
BaC_2O_4	1.6×10^{-7}	CuOH	1.0×10^{-14}
$BaCrO_4$	2.4×10^{-10}	$Cu(OH)_2$	2.2×10^{-20}
BaF_2	1.0×10^{-6}	CuS	6.3×10^{-36}
$BaSO_4$	1.08×10^{-10}	Cu_2S	2.5×10^{-48}
$CaCO_3$	3.36×10^{-9}	CuSCN	4.8×10^{-15}
$CaC_2O_4\cdot 2H_2O$	2.32×10^{-9}	$FeCO_3$	3.2×10^{-11}
CaF_2	1.46×10^{-10}	FeC_2O_4	3.2×10^{-7}
$Ca(OH)_2$	5.5×10^{-6}	$Fe(OH)_2$	4.87×10^{-17}

续表

化合物	$K_{sp}^{\ominus}$	化合物	$K_{sp}^{\ominus}$
Fe(OH)$_3$	2.79×10^{-39}	NiS(α)	3.2×10^{-19}
FePO$_4$	1.3×10^{-22}	PbCO$_3$	7.40×10^{-14}
FeS	6.3×10^{-18}	PbC$_2$O$_4$	4.8×10^{-10}
Fe$_2$S$_3$	1.0×10^{-38}	PbCl$_2$	1.70×10^{-5}
Hg$_2$CO$_3$	8.9×10^{-17}	PbCrO$_4$	2.8×10^{-13}
Hg$_2$C$_2$O$_4$	2.0×10^{-13}	PbF$_2$	3.3×10^{-8}
Hg$_2$(CN)$_2$	5.0×10^{-40}	PbI$_2$	9.8×10^{-9}
Hg$_2$Cl$_2$	1.43×10^{-18}	Pb(OH)$_2$	1.43×10^{-20}
HgCrO$_4$	2.0×10^{-9}	PbS	8.0×10^{-28}
Hg$_2$(OH)$_2$	2.0×10^{-24}	PbSO$_4$	2.53×10^{-8}
Hg(OH)$_2$	3.0×10^{-26}	Sn(OH)$_2$	1.4×10^{-28}
HgS(黑)	1.6×10^{-52}	Sn(OH)$_4$	1.0×10^{-56}
HgS(红)	4.0×10^{-53}	SnS	1.0×10^{-25}
Hg$_2$(SCN)$_2$	2.0×10^{-20}	SrCO$_3$	5.60×10^{-10}
Hg$_2$SO$_4$	1.0×10^{-17}	SrC$_2$O$_4$	6.3×10^{-8}
MgCO$_3$	6.82×10^{-6}	SrCrO$_4$	2.2×10^{-5}
MgC$_2$O$_4$	8.6×10^{-5}	SrF$_2$	2.5×10^{-9}
MgF$_2$	6.5×10^{-9}	Sr$_3$(PO$_4$)$_2$	4.0×10^{-28}
Mg(OH)$_2$	5.61×10^{-12}	SrSO$_4$	3.44×10^{-7}
MgNH$_4$PO$_3$	2.5×10^{-13}	ZnCO$_3$	1.46×10^{-10}
MnCO$_3$	1.8×10^{-11}	ZnC$_2$O$_4$	2.7×10^{-8}
MnC$_2$O$_4\cdot$2H$_2$O	1.1×10^{-15}	Zn(OH)$_2$	3×10^{-17}
Mn(OH)$_2$	1.9×10^{-13}	Zn$_3$(PO$_4$)$_2$	9.0×10^{-33}
MnS(晶形)	2.5×10^{-13}	ZnS(α)	1.6×10^{-24}
Ni(OH)$_2$	5.48×10^{-16}	ZnS(β)	2.5×10^{-22}

注：数据主要摘自 David R. Lide. CRC Handbook of Chemistry and Physics. 87th ed, 2006—2007, 8-118~120.